西北太平洋柔鱼对气候与环境变化的响应机制研究

陈新军　余　为　陈长胜　著

科学出版社
北　京

内 容 简 介

柔鱼是经济价值较高的大洋性物种，中国是捕捞柔鱼的主要国家之一。近十几年来，我国柔鱼年产量波动剧烈，其中一个重要原因是大/中尺度气候变化和局部海域环境改变对北太平洋柔鱼资源丰度和分布的影响越来越明显，循环或偶然发生的海洋环境事件成为柔鱼渔业兴衰交替的重要因素之一。因此，深入了解柔鱼资源与环境的关联有助于更好地预测柔鱼种群数量变动规律。本书重点分析不同时空尺度的气候变化和环境因素对北太平洋柔鱼资源时空分布的影响，探索气候和环境条件对柔鱼种群数量影响的潜在机制，深刻揭示资源动态变化的本质，为西北太平洋柔鱼资源的可持续利用和科学管理提供依据。

本书可作为海洋生物、水产和渔业研究等专业的科研人员，高等院校师生及从事相关专业生产、管理部门的工作人员使用和阅读。

图书在版编目(CIP)数据

西北太平洋柔鱼对气候与环境变化的响应机制研究/陈新军，余为，陈长胜著.—北京：科学出版社，2016.11
ISBN 978-7-03-050755-6

Ⅰ.①西… Ⅱ.①陈… ②余… ③陈… Ⅲ.①北太平洋-柔鱼-海洋环境-研究 Ⅳ.①Q959.216

中国版本图书馆 CIP 数据核字（2016）第 280056 号

责任编辑：韩卫军／责任校对：唐静仪
责任印制：余少力／封面设计：墨创文化

科学出版社 出版
北京东黄城根北街16号
邮政编码：100717
http://www.sciencep.com

成都锦瑞印刷有限责任公司印刷
科学出版社发行　各地新华书店经销

*

2016 年 11 月第 一 版　开本：720×1000 B5
2016 年 11 月第一次印刷　印张：9 1/2
字数：200 千字
定价：76.00 元
（如有印装质量问题，我社负责调换）

本专著得到国家自然科学基金项目(基于角质颚的北太平洋柔鱼生态学研究,NSFC41276156)、上海市高峰高原学科建设计划Ⅱ类(水产学)的资助

前　　言

　　柔鱼(*Ommastrephes bartramii*)广泛分布于北太平洋亚热带和温带海域，具有极高的经济价值。柔鱼是短生命周期鱼种，其整个生活史阶段与气候和海洋环境紧密关联。北太平洋海域生物物理环境复杂，气候与海洋相互作用对渔业资源影响显著，特别是黑潮与亲潮势力的此消彼长，厄尔尼诺和拉尼娜事件的更替以及太平洋年代际涛动(PDO)等，对柔鱼资源与渔场分布影响明显。近十几年来的生产统计表明，柔鱼的年产量波动剧烈，其中一个重要原因是不同尺度的气候变化和海洋环境改变对柔鱼资源丰度和时空分布的影响，但影响的机制尚不清楚。为此本专著重点开展柔鱼冬春生群体对气候与环境变化的响应机制研究，其研究结果有利于柔鱼资源的可持续利用，并能为其资源的科学管理决策提供基础。

　　本研究的科学假设为：大尺度气候变化对北太平洋柔鱼产卵场和渔场海域内相关的环境因子具有调控作用，而局部海域的环境条件驱使柔鱼早期阶段孵化摄食环境和成鱼阶段栖息环境发生变动，最终导致柔鱼资源时空分布产生年间变化。

　　基于以上科学假设，本专著根据1995~2011年中国鱿钓渔船在西北太平洋传统作业渔场35°~50°N、150°~175°E的生产捕捞数据，结合环境数据和气候指数，通过柔鱼渔场时空分布，栖息地热点的分布与预测，资源丰度年间变化等方面分析其对气候变化的响应过程。同时构建基于气候指数的柔鱼资源丰度和渔场重心分布的预测模型，探索不同异常环境条件下柔鱼栖息地适宜性和渔场净初级生产力水平的差异，科学评价气候变化和海洋环境条件对柔鱼资源丰度的时空影响，有助于深刻理解柔鱼资源种群动态变化的本质。

　　本专著共分6章。第1章为绪论，首先总结了北太平洋柔鱼的种群结构、分布与丰度、年龄与生长、洄游习性、摄食等生活史特征。其次探讨了不同尺度的气候和环境因素对柔鱼资源的影响，包括大/中尺度海洋气候现象如太平洋年代际涛动、厄尔尼诺和拉尼娜事件等，以及小尺度海洋环境条件包括黑潮和亲潮、海表温度、海表面高度、海表盐度、叶绿素浓度和混合层深度等。绪论最后对以往研究存在的问题做了归纳概括，对本专著所研究的主要内容和研究体系作了简要论述。第2章主要分析太平洋柔鱼渔场作业分布的时空变化和预测柔鱼的栖息地热点。以CPUE和渔场重心位置分别表征柔鱼资源丰度和渔场分布位置，选取影响柔鱼资源时空分布的几个相关环境因子(包括海表温度、海表面高度、海表盐度、叶绿素浓度、混合层深度、涡旋动能），掌握柔鱼资源丰度和渔场分布以及环境因子的时间变化规律；利用经验累积分布函数法，定量估算柔鱼适宜环境因子的偏好范围；利用频率分布法，估算各年各月柔鱼丰度对应各环境因子的频率分布，制作综合环境概率分布图，概率高的海域为渔场热点区域，探索1995~2011年渔场热点区域的年间变化，并匹配渔业数据加以验证。第3章为近十七年来北太平洋柔鱼CPUE的标准化研究及其年间波动原因分析。利用广义线性模型(GLM)和广义加性模型(GAM)，结合时间(年和月)、空间(经度和纬度)和环境因子(海表温度、海表面高度和混合层深度)对我国鱿钓船的CPUE进行标准化，并评价各因子对CPUE的影响，分析CPUE年间波动的原因。第4章主要为气候变化对北太平洋柔鱼资源时空分布和丰度的影响分析。太平洋年代际涛动(PDO)是北太平洋气候变化的主导因素之一。本书以这种大尺度气候变化为背景，分析柔鱼资源应对气候变化的响应，主要包含：PDO变化对西北太平洋局部海域主要包括柔鱼产卵场和育肥场物理生物环境因素的影响研究；柔鱼资源丰度和空间分布对PDO变化的响应研究；利用PDO指数预测柔鱼资源丰度和渔场重心位置；PDO变化影响柔鱼种群动态的机理探索。第5章为利用算术平均法(AMM)和联乘法(GMM)分别建立综合栖息地指数模型(HSI)，比较分析异常环境条件下(厄尔尼诺事件、正常气候条件和拉尼娜事件)西北太平洋海域柔鱼栖息地适宜性的变化。其次比较分析柔鱼渔场和产卵场初级生产力在不同环境条件下的差异以及对柔鱼资源的影响。第6章为结论与展望。最后对本书的主要结论进行总结，对存在的不足和今后进一步研究问题进行了探讨。

  本专著系统性和专业性强，可供水产界和海洋界的科研、教学等科学工作者和研究单位使用。由于时间仓促，覆盖内容广，国内较少同类的参考资料，因此难免会存在一些错误。望读者批评和指正。

作者

2016年6月18日

目　　录

第1章　绪论 · 1
1.1　问题提出 · 1
1.2　北太平洋柔鱼生活史及其渔业 · 3
1.2.1　柔鱼生活史概述 · 3
1.2.2　柔鱼渔业现状 · 6
1.3　气候和环境变化对柔鱼资源与渔场影响的研究现状和存在问题 · 8
1.3.1　中尺度气候和环境变化对柔鱼资源渔场的影响 · 8
1.3.2　小尺度海洋环境变化对柔鱼资源渔场的影响 · 12
1.3.3　存在问题 · 15
1.4　研究内容及其意义 · 16
1.4.1　研究内容 · 16
1.4.2　技术路线 · 17
1.4.3　研究意义 · 17

第2章　西北太平洋柔鱼资源时空分布和栖息地热点研究 · 19
2.1　材料和方法 · 20
2.1.1　渔业生产数据 · 20
2.1.2　环境数据 · 21
2.1.3　经验累积分布函数 · 21
2.1.4　综合环境概率分布图 · 22
2.2　结果 · 23
2.2.1　柔鱼CPUE的年间时空分布 · 23
2.2.2　柔鱼CPUE的季节性分布 · 23
2.2.3　渔场各环境因子的季节性变化规律 · 26
2.2.4　柔鱼对各环境因子的偏好范围 · 27
2.2.5　柔鱼栖息地热点海域分布 · 29
2.3　分析与讨论 · 33
2.4　小结 · 36

第3章　西北太平洋柔鱼资源丰度年间变化分析 · 37
3.1　材料与方法 · 38

3.1.1 渔业生产数据 ·· 38
3.1.2 环境数据 ·· 38
3.1.3 GLM和GAM模型 ·· 38
3.2 研究结果 ·· 39
3.2.1 解释变量ln(CPUE+1)的统计分布检验 ························· 39
3.2.2 时空和环境因子对CPUE的影响 ·································· 40
3.2.3 柔鱼资源量年间变化分析 ·· 44
3.3 讨论与分析 ··· 45
3.4 小结 ··· 47

第4章 柔鱼资源应对太平洋年代际涛动的响应机制 ······················· 49
4.1 柔鱼资源丰度应对PDO的响应 ··· 49
4.1.1 材料和方法 ·· 50
4.1.2 结果 ·· 51
4.1.3 讨论与分析 ·· 67
4.1.4 小结 ·· 69
4.2 柔鱼渔场重心分布应对PDO的响应 ······································ 69
4.2.1 材料与方法 ·· 70
4.2.2 结果 ·· 72
4.2.3 讨论与分析 ·· 78
4.2.4 小结 ·· 79
4.3 PDO影响柔鱼资源丰度的机制研究 ······································· 80
4.3.1 材料和方法 ·· 80
4.3.2 结果 ·· 82
4.3.3 讨论与分析 ·· 89
4.3.4 小结 ·· 94

第5章 厄尔尼诺和拉尼娜条件下柔鱼适宜栖息地和净初级生产力的差异比较
··· 96
5.1 厄尔尼诺和拉尼娜条件下柔鱼适宜栖息地比较研究 ················ 96
5.1.1 材料和方法 ·· 97
5.1.2 结果 ·· 100
5.1.3 讨论与分析 ·· 108
5.1.4 小结 ·· 112
5.2 厄尔尼诺和拉尼娜条件下柔鱼栖息地净初级生产力的变动 ······ 113
5.2.1 材料与方法 ·· 114
5.2.2 研究结果 ·· 116

5.2.3　讨论与分析 …………………………………………… 121
　　5.2.4　小结 ………………………………………………… 123
第6章　结论与展望 …………………………………………… 125
　6.1　主要结论 …………………………………………………… 125
　6.2　存在问题与讨论 …………………………………………… 128
　　6.2.1　数据源问题 …………………………………………… 128
　　6.2.2　环境变量的选择和处理 ……………………………… 128
　　6.2.3　典型案例分析 ………………………………………… 129
　6.3　主要创新点 ………………………………………………… 129
　6.4　下一步研究工作 …………………………………………… 129
参考文献 ……………………………………………………… 131

第1章 绪 论

1.1 问题提出

头足类是具有巨大开发潜力的重要经济性鱼类,其生命周期短,一般为 1~2a[1]。而头足类鱼类的生活史具有高度的可塑性,主要表现有生长速率快、代谢率高等特征[2]。头足类在大洋和浅海水域中分布极为广泛[3]。头足类主要捕食一些小型鱼虾和浮游生物等饵料,但同时也被一些大型海洋鱼类和哺乳动物所捕食,其生态位处于中间营养级水平,在海洋生态系统中起到承上启下的过渡作用,因此它是海洋生态系统的重要组成部分[4]。在过去几十年中,头足类渔业发展迅速,商业捕捞产量持续增长。根据联合国粮农组织的统计资料,头足类产量在 20 世纪 70 年代初期时不足 100×10^4 t,经过接近 40 年的发展,到 2007 年其产量增至 431×10^4 t,达到历史最高产量。头足类每年产量年平均增长率远高于其他海洋鱼类,其渔业发展保持良好势头,在世界海洋渔业中的地位举足轻重[5]。在头足类中,世界渔获物主要包括柔鱼科 Ommastrephidae、枪乌贼科 Loliginidae、乌贼科 Sepiidae 和章鱼科 Octopus 等(图 1-1),其中柔鱼科的经济种类在头足类总产量中占据很大比例[6]。大量的研究发现,头足类种群的资源丰度和渔场分布极易受不同时空尺度的气候变化和海洋环境条件影响,特别是当产卵场和育肥场环境条件发生异常变化时,就会导致头足类年产量发生剧烈波动[7]。

柔鱼类　　枪乌贼类　　乌贼类　　章鱼类

图 1-1 常见的经济头足类

柔鱼科种类具有一生只产一次卵，且产卵后立即死亡的生物特征[8]。环境的变化对其生活史过程包括鱼卵、仔稚鱼、幼鱼、亚成体和成体五个生长阶段影响很大[9]。前人的研究结果表明，柔鱼科种类的种群动态与不同时空尺度的气候与海洋环境条件关联密切[10]。例如，Rosa等(2011)分析了1978~2006年日本海和东海长时间序列的海表温度变化，以及对太平洋褶柔鱼 *Todarodes pacificus* 的产卵场分布和产量产生的影响[11]，结果发现中国东海海域太平洋褶柔鱼产卵场在冬季产卵期间呈现不连续性，产卵场的间断阻隔了成年太平洋褶柔鱼向最南部海域洄游，同时环境条件对太平洋褶柔鱼仔幼鱼早期摄食洄游产生不利影响，因此导致了日本和韩国渔船的产量锐减。Sakurai等(2000)根据调查获得的太平洋褶柔鱼产量和仔鱼丰度资料，估算出鱼卵和孵化的仔鱼主要分布在大陆架海域水温为15~23℃[12]区域。此外，他们通过地理信息系统(geographic information system，GIS)估算出1984~1995年太平洋褶柔鱼适宜产卵场的分布，发现对马海峡和五岛列岛附近海域秋季和冬季产卵场在空间上相互重叠，且冬季适宜产卵场海域面积增加，以上因素导致了太平洋褶柔鱼产量显著增加。

对于中尺度的海洋气候变化，徐冰等(2012)分析了中国大陆2005~2009年秘鲁海域茎柔鱼 *Dosidicus gigas* 鱿钓生产数据[13]，其认为：2007年10~12月份受拉尼娜事件影响，作业渔场海表温度相对2006年和2009年厄尔尼诺年份下降低了约2℃，而茎柔鱼渔场重心分布相对厄尔尼诺年份向北偏移1°~2°N。Dawe等(2000)报道了滑柔鱼 *Illex illecebrosus* 的资源丰度与北大西洋涛动指数成反比，与纽芬兰沿海温度呈正比，而墨西哥湾流向南偏移或者发生蛇形弯曲时更有利于其资源丰度的增加[14]。此外，Waluda等指出，海表温度、福克兰洋流和巴塔哥尼亚陆架水对阿根廷滑柔鱼 *Illex argentines* 的产卵场和育肥场的分布产生一定作用，因此影响了阿根廷滑柔鱼的补充成功率和资源分布[15~17]。

柔鱼 *Ommastrephes bartramii* 隶属柔鱼科柔鱼属(图1-2)，其资源丰富，是经济价值较高的大洋性种类[18]。中国是捕捞柔鱼的主要国家之一，其产量占据整个北太平洋柔鱼总产量的80%以上[19]。根据中国鱿钓渔船的捕捞数据显示，近十几年来柔鱼的产量年间变化显著，各年产量波动剧烈。其中一个重要原因是大/中尺度气候变化和局部海域环境改变对北太平洋柔鱼资源丰度和分布的影响越来越明显，循环或偶然发生的海洋环境事件成为柔鱼渔业兴衰交替的重要因素之一[4]。因此，深入了解柔鱼资源与环境的关联有助于更好地预测柔鱼资源的种群动态变化。然而对于柔鱼资源与气候和海洋环境关联的研究相当匮乏，相关文献也都局限于表象研究。因此，为充分了解西北太平洋柔鱼资源种群变动及其应对气候和环境的响应，本书将重点分析不同时空尺度的气候变化和环境因素对北太平洋柔鱼资源时空分布的影响，探索气候和环境条件对柔鱼种群大小影响的潜在机制，深刻理解资源动态变化的本质，为西北太平洋柔鱼资源的可持续利用和科学管理提供依据。

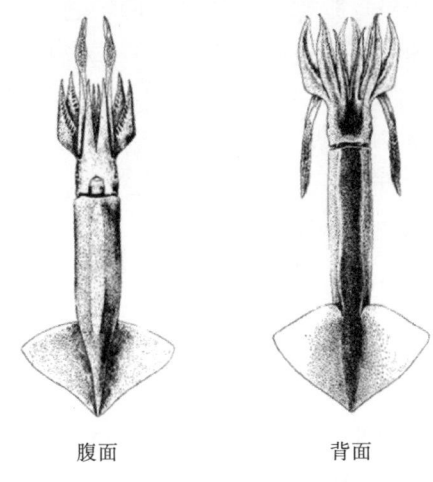

腹面　　　　　背面

图 1-2　柔鱼的腹面和背面图

1.2　北太平洋柔鱼生活史及其渔业

1.2.1　柔鱼生活史概述

柔鱼 1 年生命周期，主要分布在北太平洋 20°~50°N 亚热带和温带海域[20]。北太平洋柔鱼种群包含了两个季节性产卵群体，分别为秋生群体和冬春生群体。秋生群产卵期主要集中在 9 月到翌年 2 月，其中 10 月份是产卵高峰期；冬春生群体产卵期主要发生在 1~5 月，而 3 月份为产卵高峰期[21~23]。根据柔鱼的胴长组成、仔鱼不同的地理分布以及体内寄生虫种类，秋生群又可划分为秋生中部群体和东部群体，而冬春生群则划分为西部群体和中东部群体[21]。由于温度的季节性变化，两个柔鱼繁殖群体的产卵场地理分布不同，秋生群的柔鱼仔鱼主要分布在 29°~34°N，而冬春生群体的柔鱼仔鱼则主要分布于 20°~30°N 海域[24]。根据前人研究，推测两个柔鱼群体最适宜的产卵温度均在 21~25℃[25~28]，其中冬春生群体柔鱼的产卵场主要分布在 20°~30°N、130°~170°E 和 20°~30°N、130°~170°W[29]。

日本学者研究发现北太平洋柔鱼两个群体间生活史存在差异，这种差异可能由产卵场最适温度范围和北太平洋过渡区海域饵料生物富足海域的地理位置不同所致[30]。环境的不同导致两个柔鱼种群胴长大小结构[23,24]和生长模式存在差异[31]。根据胴长大小的划分，秋生群主要为特大型群，且生活史的前半期生长速率较快；而冬春生群主要包括大型群、小型群和特小型群体，生活史的后半期生长速率较快[31]。

北太平洋柔鱼在亚北极育肥场和副热带产卵场之间进行季节性的南北洄游，两个繁殖群体洄游路线和时期不同[32~34]（图1-3）。秋生群体通常分布在北太平洋中东部[21,30]，雌性个体一般5月开始向北洄游，6~7月到达亚北极锋区的南部海域；种群个体从7~9月开始向南洄游，到达副热带锋区生产力高的栖息地进行产卵[24]。冬春生群体的早期幼体通常栖息于黑潮逆流海域，到稚幼鱼阶段时开始向北洄游。5~8月从副热带黑潮和亲潮交汇区域向亚北极边界海域洄游，8~11月时到达亚北极海域。10~11月柔鱼逐渐性成熟，并随着亲潮冷水团逐步向南扩展，柔鱼开始向南部产卵场进行繁殖洄游，雌雄体向南洄游时间有所差异，一般情况下雄体相对雌体提前1~2月开始向南洄游[34,35]。此外，柔鱼也进行昼夜垂直洄游，但是洄游模式随地理位置和生长阶段的不同而不同[8]。柔鱼仔鱼通常分布在海水表层，例如夏威夷海域的仔鱼分布在40m以上水深[29]，日本东部黑潮流域里的仔鱼一般分布在25m以上水深。而柔鱼成鱼白天分布在150~300m水深，夜间则上游至海表0~40m[36]。柔鱼这种垂直洄游模式可能是由于光照强度和饵料的垂直分布所致[34]。

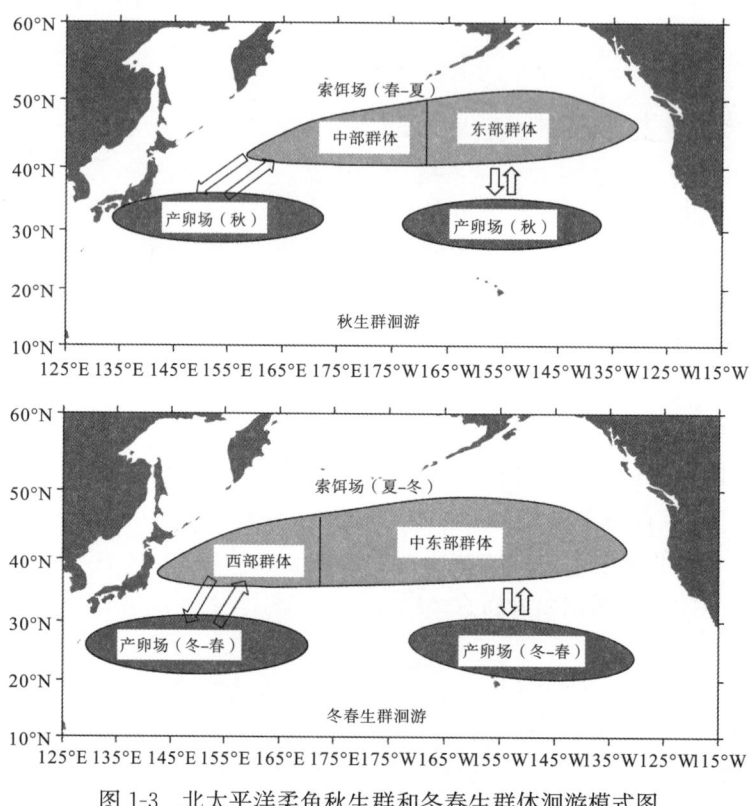

图1-3 北太平洋柔鱼秋生群和冬春生群体洄游模式图

耳石年轮的微结构为鉴别柔鱼年龄和生长以及了解其生活习性提供有效信息[37]。通过对柔鱼耳石日生长轮的测量,发现柔鱼约 1 年生命周期,7~10 月时性成熟,雌体个体一般产完卵后死亡,其寿命一般略长于雄体[38]。成熟雄性个体胴长 30~33cm,雌性个体胴长 40~45cm[39]。Yatsu 报道的最大的雄性柔鱼胴长为 45cm,最大雌性胴长为 60cm[40]。北太平洋柔鱼秋生群的仔鱼在孵化后的前 30d 内呈指数生长(胴长可达到 7mm),随后几乎是线性生长,Yatsu 和 Mori 认为这种生长速率变化的原因可能是摄食行为的改变[41]。柔鱼幼体在胴长为 150~170mm 时即补充进入渔场,生长率随着性别、孵化季节和地理区域的不同而不同:雌性比雄性生长得更快;夏季孵化的个体比冬季孵化的个体生长得更快;西北太平洋海域的柔鱼个体比太平洋中东部水域的个体生长得更快[24]。秋生群(胴长 38~46cm)和冬春生群(胴长 16~28cm)尽管繁殖时间连续,但个体大小组成存在明显的差异,秋生群体柔鱼个体可以达到最大的胴长。Ichii 等(2009)认为,这种个体大小的差异是由过渡区叶绿素锋区和海表温度季节性的改变引起的[30]。Yastu 和 Mori(2000)研究了秋生群体柔鱼的年龄与生长,进一步确认了柔鱼早期生活史阶段的指数生长模式[41],并拟合得到 33d 内仔鱼胴长和年龄的指数关系式为 $ML=1.139\exp(0.063x)$ ($R^2=0.919$)。冬春生群体的柔鱼仔鱼在孵化后的 35d 内呈指数生长,刚孵化时的长度为 0.33mm,15d、25d、35d 大小的仔鱼胴长分别是 1.6mm、4.3mm、12.1mm。孵化后 15d 的仔鱼生长率为 0.16mm/d,35d 的仔鱼生长率为 1.25mm/d[42]。柔鱼早期生活阶段的生长明显受环境影响,Sakai 等(2004)研究认为柔鱼仔鱼的生长速率与温度关联最为密切,并还推断出柔鱼仔鱼胴长与日龄和温度值关系式为 $ML=0.89\exp[(0.006SST-0.060) \cdot d]$ ($R^2=0.928$)[43]。随着研究的深入和发展,目前国内研究已经将内壳和角质颚等硬组织材料作为媒介应用到头足类年龄和生长的研究中,为头足类的年龄和生长研究提供了补充方法,并与耳石等方法进行比较验证分析[44~46]。

柔鱼在早期生活史阶段(0~40d),其摄食是一个连续过程,包括了吸收卵黄、基于吻部的滤食性摄食、触腕捕食和触手捕食生物等阶段[8]。这种摄食模式的演变包含了三个过渡时期并伴随着形态和行为的变化。柔鱼在胴长约 1.4mm 时开始吸收内部卵黄,孵化后 4~7d 卵黄消失,一周内开始摄食。胴长 3~4.3mm 时的仔鱼,其角质颚开始发挥作用,喙部突起和开口捕食同时发生,因此角质颚喙部发生突起可能是仔鱼开口捕食动物的信号。甲壳类、头足类和鱼类为柔鱼的三大摄食生物[47]。甲壳类主要为柔鱼幼年期食物,例如磷虾类和端足类等,而成年较少摄食。而摄食的鱼类组成中,以灯笼鱼占优势,其他种类包含沙丁鱼、鲭科仔鱼和秋刀鱼等,均为中上层鱼类。柔鱼为自相蚕食型种类,捕食的头足类对象包括萤乌贼、日本爪乌贼等以及柔鱼属的同类[47]。

1.2.2 柔鱼渔业现状

北太平洋海域柔鱼资源丰富，其巨大的经济价值吸引了包括日本、韩国、中国的鱿钓渔船进行商业性捕捞[19]。20世纪70年代初期太平洋褶柔鱼捕捞产量急剧下降，促使日本商业捕捞渔船开始将目标渔获物转移到北太平洋柔鱼[48]。1974年开始，日本渔船在日本东北部海域捕捞柔鱼，三年后产量跃升至 12.4×10^4 t。1978年日本在同一海域进行流刺网捕捞作业，柔鱼产量显著增加。1980～1992年，日本柔鱼每年渔获量在 $10\times10^4\sim26\times10^4$ t，而北太平洋柔鱼每年总渔获量为 $20\times10^4\sim40\times10^4$ t。1993年联合国通过决议禁止在公海范围内进行大型流刺网作业，这导致柔鱼产量剧烈下降，因此1993～2001年日本每年柔鱼产量仅在 5×10^4 t左右(图1-4)，之后日本柔鱼平均产量已降至 2×10^4 t左右[48]，目前已基本没有生产。

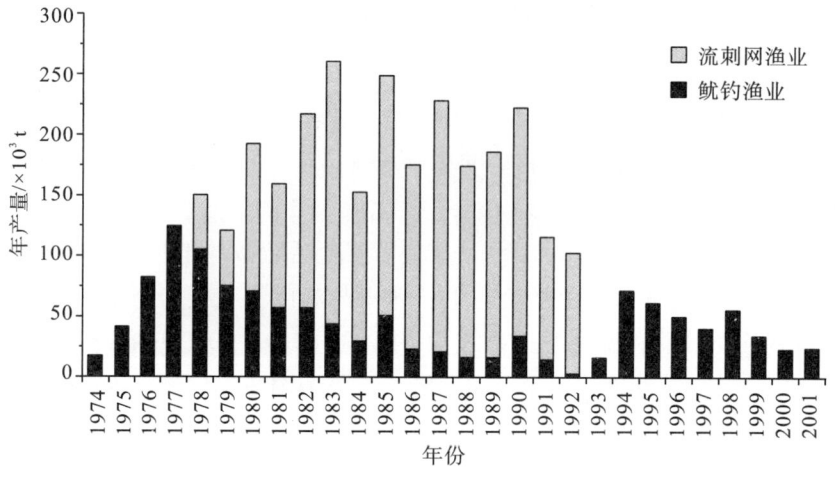

图1-4 1974～2001年日本北太平洋柔鱼年产量[48]

中国从1993年开始对柔鱼资源进行探捕，目标渔获物主要为柔鱼冬春生西部群体[6]。1994年后柔鱼渔业开始形成一定规模，作业渔船有98艘，当年产量为 2.3×10^4 t(见表1-1)。随着鱿钓渔业迅速发展，中国成为北太平洋柔鱼的主要捕捞国家之一。生产企业从1994年的7个增至2006年的29个，达到最高值，2007年以后生产企业维持在25个左右。1994～2015年西北太平洋柔鱼渔获量及其平均单船产量年间波动显著，23年的平均产量为 7.9×10^4 t。1997～2000年以及2004～2008年柔鱼产量较高，基本超过 10×10^4 t。其中1999年渔获量最高为 13.2×10^4 t，1994年渔获量最低为 2.3×10^4 t，对应的平均单船产量分别为331.4t和234.6t。2008年后柔鱼产量减幅较大[19]。2009年、2012年、2014年和 2015 年的产量在 3×10^4 t 左右，2010 年、2011 年和 2013 年的产量在 5×10^4 t 上下浮动。

表 1-1　1994~2015 年中国大陆鱿钓渔业生产统计数据

年份	生产企业/个	作业船数/艘	渔获量/t	平均单船产量/t
1994	7	98	23000	234.6
1995	17	248	73000	294.3
1996	21	369	83000	225.5
1997	20	337	101839	302.0
1998	21	304	117000	384.9
1999	27	399	132000	331.4
2000	21	446	124204	278.5
2001	27	426	80873	189.8
2002	20	362	84487	233.4
2003	16	205	82949	404.6
2004	19	212	106532.2	502.5
2005	20	227	98372.0	433.4
2006	29	327	108097.1	330.6
2007	28	255	113117.6	443.7
2008	26	258	106018.9	410.9
2009	27	273	36763.7	134.7
2010	28	262	55350.7	211.3
2011	18	191	54218.9	283.9
2012	25	225	34412.2	152.9
2013	26	237	51987.8	219.4
2014	20	186	38093.9	204.8
2015	26	116	31707.1	273.3

黑潮暖流和亲潮寒流在西北太平洋形成广泛的交汇区，为柔鱼的生长和繁育提供了良好的海洋生物环境和非生物环境条件，而柔鱼作为一种短生命周期种类，气候和海洋环境对柔鱼整个生活史阶段包括从鱼卵到成体至关重要，影响柔鱼资源变动及鱿钓渔业的发展[9]。柔鱼在繁殖阶段时，其生殖行为的时间和位置依赖于产卵场的温度，而产卵场海域食物丰度的地理和时间变化则成为柔鱼仔幼鱼生长的决定性因素[50,51]。在洄游阶段，黑潮和亲潮势力的此消彼长以及过渡区的各种环境条件对柔鱼仔稚鱼的输运、丰度与分布、死亡率以及补充成功率等产

生很大影响[51]。当柔鱼成功进入到北部索饵场时，不同时空尺度的气候变化和海洋环境条件，如太平洋年代际涛动（Pacific Decadal Oscillation，PDO）[52]、厄尔尼诺（El Niño）和拉尼娜（La Niña）事件[53]、黑潮和亲潮海流的弯曲摆动[54]、海表盐度[55]、海表温度[56]、叶绿素浓度[57]和渔场的垂直水温结构[58]等，调控和支配了柔鱼的集群行为与空间分布。总之，全球气候异常和局部环境变化极易导致柔鱼资源以及渔场时空分布发生波动[1]。

1.3 气候和环境变化对柔鱼资源与渔场影响的研究现状和存在问题

1.3.1 中尺度气候和环境变化对柔鱼资源渔场的影响

1.3.1.1 太平洋年代际涛动

太平洋年代际涛动是一种从年际到年代际时间尺度的气候变率强信号，为海气相互作用的产物，反映了北太平洋地区长期的气候环境背景[59]。以太平洋海表温度异常（sea surface temperature anomaly，SSTA）定义，PDO 可分为 PDO 暖位相（PDO 暖期）和 PDO 冷位相（PDO 冷期）[60]。在 PDO 暖期内，SSTA 空间模态表现为北太平洋西北部和中部海域异常冷，东太平洋和北美沿岸海域水温异常暖；而 PDO 冷期内 SSTA 空间模态变化与暖期截然相反（图 1-5）[61]。尽管如今已有很多文献资料分析了 PDO 基本观测特征，但对其物理过程和形成机制目前还未得到充分认识。杨修群等（2004）基于 PDO 的源地将其形成机制归类为三种观点：第一类认为 PDO 可能形成于热带海气耦合系统内部；第二类认为 PDO 可能源自中纬度海气耦合系统内部；第三类则认为 PDO 是热带和中纬度海气相互作用的结果，而热带不稳定海气相互作用则起着信号放大作用[62]。

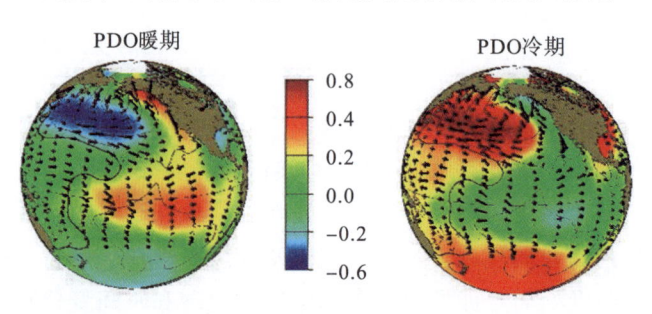

图 1-5 太平洋年代际涛动冷暖期内冬季的海表温度、海平面气压和表层风应力异常值[61]

研究表明，PDO 在 21 世纪将持续存在，给 ENSO 事件(El Niño Southern Oscillation)、黑潮和亲潮海流等提供了年代际气候背景[63]。已有的文献提出了不同尺度气候环境变化之间存在交互作用[64,65]。例如在 PDO 暖位相时期，厄尔尼诺事件发生频率高且强度较强；而在 PDO 冷位相时期，拉尼娜事件发生频率高且强度较强[64]。另外，黑潮延伸流区的海表温度受 ENSO 和 PDO 显著影响，这一过程具有滞后相关性，因此可以将 ENSO 指数和 PDO 指数作为黑潮温度变化的前兆因子来预测黑潮流域表温的变化及其周边气候[66]。

事实上，PDO 冷暖气候模态更替不仅对各地区气候产生重要影响，同时对很多海洋鱼类种群的兴衰起到调节作用[61]。因此，越来越多的学者开始关注 PDO 对海洋鱼类种群动态的影响。例如，Mantua 等(1997)根据气候观测数据发现北太平洋中纬度海域海洋气候变化循环发生，这种变化模态振幅从数年到数十年不规则变化[60]。同时，研究表明这种气候突变出现在 1925 年、1947 年和 1977 年，且最后两次气候模态转换与阿拉斯加和加利福尼亚海域的鲑鱼产量显著变化相一致。Tian 等(2004)利用相关分析和主成分分析法，研究气候指数和海洋环境变量包括季风指数、南方涛动指数、PDO 指数、北极涛动指数、海表温度等与太平洋秋刀鱼资源丰度和生物学特性的关系[67]，结果表明：秋刀鱼丰度的年代际变化模式与 1987~1988 年和 1997~1998 年的气候模态突变吻合一致。Phillips 等(2014)调查了 1961~2008 年北太平洋长鳍金枪鱼幼鱼的空间分布与海表温度以及 PDO 指数和多元 ENSO 指数的关联，结果显示温度对长鳍金枪鱼资源丰度(以单位捕捞努力量渔获量表征)具有正相关关系，空间上具有不同的影响作用，体现在空间向北时温度与长鳍金枪鱼资源丰度的正相关性增加[68]。而PDO 指数对长鳍金枪鱼资源丰度整体上都是负影响关系。Zwolinski 和 Demer (2014)分析认为，加利福尼亚海流中的太平洋沙丁鱼补充量与 PDO 直接相关，PDO 正位相和负位相分别对应了沙丁鱼种群增加和降低的过程[69]。PDO 暖期内沙丁鱼的平均补充率是冷期的三倍。究其原因，可能与 PDO 不同时期产卵季节前期栖息地环境以及成鱼的肥满度有关[69]。Zhou 等(2015)分析了黄海鳀鱼群体变动与 PDO 之间的关联，结果显示：鳀鱼群体变动与 PDO 指数呈现相同的变化模态，气候可能是驱动生态十年尺度变化的主要因子，而适宜的海表温度可能是鳀鱼洄游的主要驱动因素，这说明利用气候指数预测鱼类群体变动的潜在可能[70]。

近年来，研究发现 PDO 的变化与头足类鱼类种群动态存在一定关联。如 Koslow 和 Allen(2011)研究发现，加利福尼亚海湾南部枪乌贼仔鱼的密度局部和大尺度环境变化相关[71]。分析结果显示，仔鱼丰度与近表层温度、营养盐和叶绿素显著相关。此外逐步回归分析表明，仔鱼丰度与 ENSO 事件和 PDO 关联密切，相关统计结果表明 ENSO 和 PDO 指数可以用来管理枪乌贼渔业。在西北太平洋海域，Chen等(2012)研究发现黑潮路径变化与PDO相互耦合，驱使北太平洋柔鱼渔场重心在纬度上的分布存在年际差异[52]，但这一研究重点偏向于探究黑潮路径的影响，而关于PDO对柔鱼渔场变动的作用描述不多。Mantua和Hare(2002)系统概述了PDO变化对太平洋地区海洋生态系统以及渔业的影响[61]，其研究范围局限于PDO对长生命周期的鱼类种群动态影响，对于短生命周期的头足类鱼类研究甚少，对于柔鱼科鱼种的研究则更为匮乏。

综上所述，基于以上不同气候和海洋环境变化间的关系以及它们对渔业的影响作用，对北太平洋气候变化影响柔鱼种群资源动态这一科学问题，本研究可以提出以下假设和思路：不同PDO时期下发生的厄尔尼诺和拉尼娜事件可能影响黑潮和亲潮海流的势力强弱或输运路径，柔鱼产卵场和渔场海域的温度、叶绿素浓度、初级生产力大小等环境条件受到影响，进一步对柔鱼饵料生物的生长与死亡产生影响，这一过程持续几个月或更长时间，最终对柔鱼的资源补充量，洄游过程和种群丰度和分布产生滞后性影响。抓住这一主线，可以尝试从机理上来解释北太平洋柔鱼种群的资源动态变化原因。

1.3.1.2 厄尔尼诺和拉尼娜事件

太平洋海域物理环境复杂，存在有多重时间尺度的海洋环境变化[52]。柔鱼作为生态依赖的机会主义物种，其资源丰度极易受异常环境条件的影响，特别是频繁发生的厄尔尼诺和拉尼娜事件[1]。厄尔尼诺和拉尼娜事件为气候系统中最强的年际气候信号，是ENSO循环位于暖位相和冷位相时海表温度发生变化的异常过程，最初起源于赤道太平洋中东部海域出现一股异常暖或冷的水团，其演变可由温度、叶绿素浓度、初级生产力、纬向风和温跃层深度等因子来判别[72]。PDO位于冷暖时期的空间分布形态与ENSO事件具有相似之处，国际上常用长期存在的类ENSO太平洋年代际气候变化模态来描述PDO，但是需要将PDO和ENSO事件进行区分，它们的区别主要表现在不同的时间尺度、发生源地以及太平洋海域SSTA变化在空间上的差异[64]。

厄尔尼诺是赤道中东太平洋海域大范围海水增暖事件，因此选择能够表征其特征规律的海区尤为重要。目前国际上常用Niño 1+2海区($0°\sim10°S$、$90°\sim80°W$)、Niño 3海区($5°N\sim5°S$、$150°\sim90°W$)、Niño 3.4海区($5°N\sim5°S$、$170°\sim120°W$)和Niño 4海区($5°N\sim5°S$、$160°E\sim150°W$)的温度异常以及南方涛动指数对ENSO事件进行监测，确定厄尔尼诺和拉尼娜事件的发生(图1-6)，但利用哪一个Niño海区来定义厄尔尼诺事件，目前国际上还存在较大争议[73]。需要指出的是，由于厄尔尼诺和拉尼娜事件对北太平洋环境变化的显著影响，各国渔业专家非常重视研究这一现象的发生规律及其对渔业资源的影响，以便达到可以利用Niño指数来精确预测渔业资源动态的目的，为渔业的可持续发展提供可靠信息和依据。

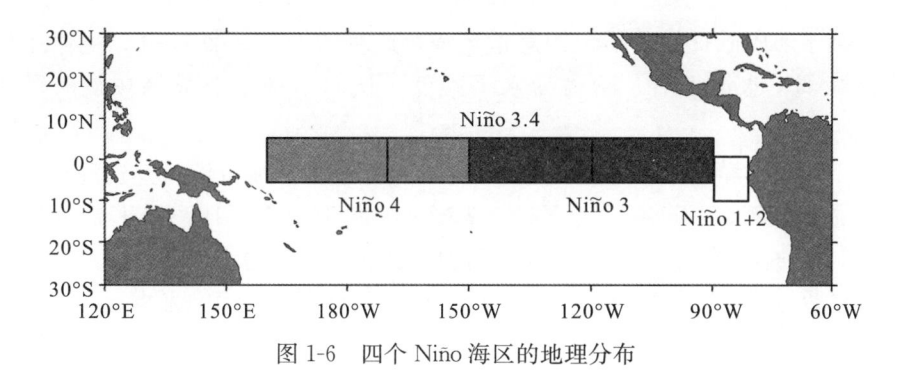

图 1-6 四个 Niño 海区的地理分布

目前相关研究分析厄尔尼诺和拉尼娜事件对渔业的影响更多的是关于经济价值较高的长生命周期鱼种[74]。例如，Zainuddin 和 Saitoh(2004)基于海洋遥感数据和渔业数据，阐述了 1998 年厄尔尼诺事件和 1999 年拉尼娜事件对西北太平洋长鳍金枪鱼渔场的影响[75]。研究发现，20℃温度和 0.3mg/m³ 叶绿素等值线作为海洋锋区可以用来寻找长鳍金枪鱼潜在渔场的指标，两个锋区的平均纬度距离越短金枪鱼丰度越高。1999 年拉尼娜事件导致温度和叶绿素锋区距离相对 1998 年厄尔尼诺事件更加吻合，有利于形成较好的长鳍金枪鱼渔场。汪金涛和陈新军(2013)讨论了中西太平洋鲣鱼渔场的重心在经度向分布变化与 ENSO 指数的关系，并利用一元线性回归模型和神经网络建立了基于 Niño 3.4 区 SSTA 季度平均值的鲣鱼渔场重心的预测模型[76]。一般情况下，厄尔尼诺事件发生时，鲣鱼渔场重心向东部海域转移，渔场大部分分布在 151°E 以东海域；而拉尼娜事件发生时，鲣鱼渔场重心则向西偏移。除此之外，Sugimoto 等(2001)更系统地回顾了 ENSO 事件的特征以及对北太平洋地区生物资源的影响[74]。例如厄尔尼诺事件发生时，北赤道洋流的盐度锋区向南撤退，导致日本鳗产卵场向南转移，从而使输送到黑潮主流区域以及日本沿岸的鳗鱼仔鱼减少，补充量降低。此外，拉尼娜事件发生导致西北太平洋副热带北部海域冬季变冷，垂直混合作用加剧，从而降低了表层的叶绿素浓度，此时的摄食环境不利于日本沙丁鱼和柔鱼秋生群体的生长。

针对 ENSO 事件影响头足类种群动态的也有一些研究。例如，Jackson 和 Domeier(2003)调查发现，加利福尼亚海湾南部海域的枪乌贼在厄尔尼诺年份时孵化和生长的大小及生长率明显低于拉尼娜年份生长的个体[77]，这主要与海洋环境和生产力水平相关，枪乌贼胴长与上升流指数成正比而与温度成反比。Waluda 等(2006)比较了 1994 年正常气候年份、1996 年拉尼娜年份和 1997 年厄尔尼诺年份秘鲁茎柔鱼的资源丰度和渔船分布，发现茎柔鱼资源量在正常气候条件下产量最高，而异常环境条件导致的水温增暖或变冷均会导致茎柔鱼丰度降低[78]。但是这一结论与 Yu 等(2016)的研究结果存在差异，其结论依据栖息地指数模型结果认为拉尼娜事件会加剧上升流强度，导致水温变低，营养盐浓度升高，有利于形成适宜的茎柔鱼栖息地环境，产量增加[79]；而在厄尔尼诺条件下上升流减弱，水温上升，营养盐水平减低，从而不利于形成渔场，产量随之减少。

对于北太平洋柔鱼，已有研究证实厄尔尼诺和拉尼娜事件对其资源丰度与分布产生影响。例如，日本学者 Yatsu 等（2000）基于 1979~1998 年长时间序列的渔业统计数据，首次研究了北太平洋柔鱼秋生群体的 CPUE（catch per unit effort）波动与厄尔尼诺和拉尼娜事件的年际变化关系[80]。研究发现，相对正常环境的年份，厄尔尼诺年夏冬季水温明显偏低，柔鱼秋生群体补充率显著减少，这就解释了 CPUE 产生年间波动的原因。Chen 等（2007）统计了中国鱿钓渔船 1995~2004 年的商业捕捞数据，研究了厄尔尼诺及拉尼娜事件对柔鱼冬春生群体产卵场和育肥场海表温度的影响，定性描述了异常环境对柔鱼补充量和渔场分布的影响[53]。结果显示，在产卵场海域，拉尼娜事件发生时水温上升，不利于资源补充；而厄尔尼诺和正常年份时水温变化一致且变化幅度较小，产生了有利于资源补充的环境条件。此外，异常的环境直接影响了育肥场的环境条件，导致柔鱼渔场分布产生年际变化：渔场在拉尼娜年份向北偏移，而在厄尔尼诺年份时渔场转移到南部海域。然而，以上研究主要是针对资源补充量，资源丰度与分布对应厄尔尼诺和拉尼娜年份发生变化的表象研究，对于柔鱼资源丰度与分布响应异常环境事件的机制性探索仍然缺乏。

1.3.2 小尺度海洋环境变化对柔鱼资源渔场的影响

1.3.2.1 黑潮和亲潮

黑潮和亲潮为强西边界流，两大流系主导了西北太平洋的生物物理环境，表现出年际间和年代际的气候转变[63]。黑潮高温高盐，平均流量约为 27500000m³/s，流速为 1~2m/s，季节变化明显。其主流从菲律宾开始，沿台湾东部海域北上，于北纬 35°附近转向东流，有一分支继续流向东北，与南下的低温高营养盐的亲潮寒流会合，衍生出世界上最丰产的鱼类栖息地，该海域为众多大洋性经济鱼类提供了丰富饵料的育肥场[81]。例如鲣鱼、日本沙丁鱼、秋刀鱼和短生命周期的头足类中的太平洋褶柔鱼和柔鱼等[82~85]。黑潮－亲潮过渡海域以亚热带锋区和亚北极锋区为边界，中间海域物理生物环境复杂，主要为海洋锋区和尺度不同的海流涡漩等[86]。海洋环境年际波动显著，调节了海洋鱼类资源的分布及其栖息地热点海域的时空变化[63]。因此黑潮与亲潮对西北太平洋渔业、生态系统乃至整个气候环境具有重要影响[87,88]。对北太平洋柔鱼而言，早期生活史阶段一般分布在黑潮和亲潮过渡区海域，黑潮和流系的蛇形变化势必影响其输运路径[89]，对西北太平洋渔场的资源补充量产生影响；而亲潮势力的强弱同样也会影响柔鱼渔场的分布和资源丰度的大小[90]。

通常，在西北太平洋 30°～45°N 海域，黑潮与亲潮交汇区与柔鱼渔场空间上较好地吻合。Wang 等(2010)提出，可以利用 0.2mg/m³、0.35mg/m³ 和 0.5mg/m³ 叶绿素浓度等值线分别作为黑潮前锋、黑潮和亲潮交汇处和亲潮前锋的指示因子来研究柔鱼渔场分布与黑潮和亲潮位置的关系[91]，结果发现黑潮和亲潮的季节性变化对应着柔鱼种群的时空分布，高丰度的柔鱼一般分布在叶绿素浓度在 0.15～0.5mg/m³。Chen 等(2010)认为当黑潮出现较大蛇形摆动时，柔鱼渔场的水温可能会降低[92]。同时，黑潮的强弱决定产卵场海域(20°～30°N、130°～170°E)的柔鱼资源补充量的高低[93]。研究也表明，黑潮的流量和路径在 136°～140°N 海域变动会引起柔鱼渔场重心的移动，特别是分布在 40°～43°N、150°～155°E 的渔场。黑潮流量大时，北太平洋中部海表温偏高，渔场重心向北移动；相反，黑潮流量小时对应了较低的海表温，因此渔场重心南移。黑潮路径发生弯曲时柔鱼的渔场重心有向南偏移趋势[52]。

总结前人的研究[90,94～96]，黑潮的弯曲结构和亲潮势力的强弱对柔鱼渔场的空间分布有很大影响。通常情况下，黑潮势力强时渔汛提前，渔场向北偏移；而亲潮势力变强时渔汛滞后，渔场比较分散。另外，黑潮大弯曲时可能会降低柔鱼资源补充量。柔鱼种群做长距离的南北方向洄游，被动漂移阶段的柔鱼仔鱼和微弱自游的幼鱼主要集中在北太平洋黑潮和亲潮过渡区海域。而实际上产卵场海域的柔鱼仔幼鱼随着黑潮输运到北部的育肥场海域，研究这一过渡区域黑潮变动对其输运路径、生长与死亡以及分布等的影响变得尤为重要。

1.3.2.2 局部海域环境条件的影响

Nishikawa 等(2014)利用质子追踪技术分析得出，柔鱼产卵场位于弱流海域，柔鱼仔幼鱼随海流向北输运距离较短[97]，通常仔幼鱼在生活史初期(小于90d)停留在产卵场海域内育肥生长，其研究说明了柔鱼两个群体在早期生活史阶段的生长和死亡主要依赖于产卵场的环境条件，成鱼通过对环境变化的适应选择不同的产卵时间和产卵地。一般认为，柔鱼鱼卵和仔鱼的分布受水温强烈影响，海表温度决定了最适产卵场的位置和范围大小。一些学者通过野外采集柔鱼仔鱼以及进行实地环境观测来分析产卵场适宜的温度范围。例如 Bower 等(1994)在夏威夷群岛表温为 21～24℃的海域采集到柔鱼仔鱼，且发现温度在 22～22.5℃时仔鱼丰度最大[98]。Young 等(1997)调查发现，柔鱼仔鱼主要分布在水温为 22℃的海域，水温在 23.4～23.8℃时鱼卵孵化率最高[99]。此外，也有学者认为，柔鱼产卵场的变动与叶绿素浓度关系密切。Ichii 等(2009)通过对北太平洋柔鱼两个群体早期生活史的研究，认为产卵场位置随叶绿素浓度的变化而变化[30]。秋生群的产卵场一般出现在亚热带锋区，接近叶绿素锋区，浓度为 0.2mg/m³，此时亚热带海域生产力高，饵料丰富，仔鱼补充量多；而冬春生群体的产卵场分布在亚热带海域，生产力低，到夏季或者秋季时向叶绿素浓度较高的海域洄游，其结果是在生活史阶段前半期秋生群相对冬春生群生长较快，随后反之。研究认为，过渡区叶绿素锋区高生产力海域是两个群体最有利的育肥场和索饵场，适合仔鱼生长，柔鱼幼体的高捕食率使资源补充成功。

在柔鱼渔场范围内，环境条件与柔鱼丰度和分布亦存在显著关系。与其他环境变量相比，一般认为温度是寻找和开发柔鱼渔场最适宜的指标因子，该因子同时具备评估和预测柔鱼资源丰度的能力[55]。柔鱼渔场重心一般在海表水层等温线密集处，或者冷暖水团汇合以及有温跃层的水域[100,101]。Chen 和 Liu(2006)报道了柔鱼渔场每月适宜的海表温度：5月为12~14℃，6月为15~16℃，7月为14~16℃，8月为18~19℃，9月为16~17℃，10月为15~16℃，11月为12~13℃[102]。20℃和17℃等温线分别为155°E以西海域和155°~160°E寻找柔鱼渔场的指标因子[103]。此外，柔鱼在100m、200m和300m水深处的适宜温度分别为10~15℃、9~10℃和8~9℃[104]。

西北太平洋海域黑潮与亲潮的交汇给柔鱼渔场提供了丰富的初级生产力，因此柔鱼渔场的形成与叶绿素浓度的大小有密切联系[105]。有文献指出，柔鱼渔场叶绿素浓度主要为0.1~0.6mg/m³，其中，叶绿素浓度为0.12~0.14mg/m³的渔场出现概率更高[106,107]。但关于叶绿素浓度与柔鱼资源丰度年间变化研究相对较少。

海表盐度对柔鱼丰度和分布同样发挥作用[108]。通常认为，柔鱼的渔场常出现在表层低盐锋区[109]。Yatsu 和 Watanabe(1996)指出较大个体的柔鱼雌体在200m深处偏好盐度为33.75~34.00psu[110]。然而程家骅和黄洪亮(2003)认为，西北太平洋柔鱼捕捞海域内盐度空间差异小，渔场重心位置与盐度的分布无明显的关联[111]。盐度可以作为寻找柔鱼资源的潜在指标因子，但是单纯利用盐度确定重心渔场存在困难，需要结合其他环境因子综合考量才能有效判断渔场位置。

在亚热带锋区海域，海表面高度对营养盐和初级生产力的分布产生很大影响，因此海表面高度异常是柔鱼产卵和育肥阶段年间分布变化重要的驱动因素之一[57]。Tian 等(2009)定义了柔鱼栖息地最适宜海表面高度−20~(−4)cm[112]。另外，冷暖流强弱变化造成流隔的变化也为渔场位置的变动提供了间接的信息。一般柔鱼渔场依赖于流隔的位置和大小[113]。根据涡流的分布模式，柔鱼渔场可以划分为三种类型，分别为舌型、枝叉型和涡流型渔场。

程家骅和黄洪亮(2003)通过西北太平洋海域海洋生物调查，认为浮游动物的生物量也可作为探测潜在的柔鱼渔场的重要指标之一[111]。研究发现，中心渔场常存在于较高浮游动物丰度(250~500mg/m³)的海域，以及高丰度的甲壳纲动物

($50\sim100\text{ind/m}^3$)的海域,例如柔鱼仔鱼比较偏好磷虾目和端足目生物较多的水域[114]。关于其他生物或物理环境变量对柔鱼资源补充量、分布和丰度的影响研究甚少。

1.3.3 存在问题

综合国内外研究现状,发现柔鱼种群动态对气候和海洋环境因子极度敏感并受到显著影响。相对小尺度的环境条件(如黑潮和亲潮海流、局部海域的温度和叶绿素等),北太平洋柔鱼的种群动态主要由大/中尺度气候环境事件调控,这是因为所有的小尺度海洋环境变化都在气候变化大背景下产生(如 ENSO 现象和 PDO 变化)。同样地,Chen(2010)也认为在北太平洋海域柔鱼群体与大/中尺度环境条件呈现更为密切的关系[115]。尽管目前就北太平洋柔鱼资源动态应对气候环境响应的研究取得了一定的研究成果,但仍存在一些问题,具体可归纳为以下几点。

首先,中国鱿钓渔业已接近 20 年的历史,且发展成为北太平洋柔鱼最主要的捕捞国家,其年产量占各国总产量 80% 以上。但目前国内对于柔鱼的时空分布等研究还局限于早期的渔业捕捞数据,时间序列短,数据缺乏更新。因此利用长期的西北太平洋柔鱼生产渔获数据,掌握中国鱿钓船在西北太平洋的作业分布情况以及柔鱼资源丰度时空分布的年季间变化规律尤为必要。本书整合了 17 年的鱿钓数据,对柔鱼资源丰度和分布的长期动态有了新的全面认识,对科学合理开发这一资源提供了更为精准的科学依据。

第二,研究发现海洋鱼类栖息地对环境有特定的偏好范围,且栖息地的分布和大小是各种环境变量综合作用的结果。以往对柔鱼栖息地与多种环境变量综合影响的研究比较缺乏,绝大多数研究只针对表温或叶绿素浓度等单一因子。然而西北太平洋过渡海域有着多变的涡流和垂直水温结构,会影响柔鱼种群,因此需要综合考虑这些环境条件。

第三,鱼类栖息地热点预测研究一直以来是渔业的前沿和热门方向。国际上已有报道利用多种方法来寻找和预测金枪鱼等各类经济鱼种的栖息地热点海域。然而结合多变量环境因子,依据适宜环境变量范围开发和预测柔鱼的栖息地热点研究目前在国内和国际上依然十分缺乏。

第四,国内传统的渔业资源学科重点研究在于基础生物学,对于短生命周期的大洋性柔鱼类来说,其复杂的生活史过程极易受到气候和海洋环境的影响,但其资源时空动态应对多尺度的海洋环境变化响应研究几乎为空白。前人对柔鱼与栖息地环境因子做了一些相关研究,但是气候变化如何调控柔鱼产卵场和渔场范围的环境因子,以及柔鱼资源丰度和分布又如何响应气候变化,其影响机制是什么,可否利用气候指数或环境特征参数对柔鱼资源丰度和渔场重心位置进行准确预报,这些问题都尚未解决。因此,对柔鱼种群资源应对海洋环境变化的多尺度响应进行机理解释,从资源补充量和栖息地生境变化两方面着手,对柔鱼资源丰度和分布的年间变化进行机制研究势在必行。

第五,以往柔鱼栖息地模型研究仅针对建模方法自身,如模型环境参数的选择、时空分辨率的设计以及环境因子权重设置等。然而利用栖息地模型延伸前人研究,对比分析不同气候条件下(如拉尼娜事件、正常气候和厄尔尼诺事件)柔鱼栖息地适宜性的变化研究却尚未涉及。因此利用栖息地指数模型,探讨厄尔尼诺和拉尼娜事件对柔鱼适宜栖息地时空变化这一科学问题尤为重要,有助于了解柔鱼栖息地与渔场环境以及气候变化的关系,掌握柔鱼资源变动规律及其原因。

因此,本书的科学假设为:大尺度气候变化(PDO 和 ENSO 现象)对柔鱼产卵场和渔场海域内相关的环境因子具有调控作用,而局部海域环境条件的改变直接驱使柔鱼早期阶段孵化摄食环境和成鱼阶段栖息环境发生年间变动,最终导致柔鱼资源时空分布产生变化。基于此假设,展开柔鱼资源对气候变化和海洋环境条件的响应机制研究。

1.4 研究内容及其意义

1.4.1 研究内容

全球气候变化是目前海洋科学前沿领域最为重要的科学问题之一,而如何应对气候变化也是当前海洋渔业科学发展的重大需求之一。本书选择北太平洋柔鱼作为研究对象,根据1995~2011年中国鱿钓船的柔鱼生产统计数据,以渔业气候学为核心,开展海洋学与渔业资源和渔场学、统计学等学科交叉研究,重点研究气候变化对北太平洋柔鱼资源时空分布和演变的影响,深刻理解资源动态变化的本质,为该资源的可持续利用和科学管理提供科学依据。本书主要研究内容为:

第1章为绪论,首先总结北太平洋柔鱼的种群结构、分布与丰度、年龄与生长、洄游习性、摄食等生活史特征。其次探讨不同尺度的气候和环境因素对柔鱼资源的影响,包括大/中尺度海洋气候现象如太平洋年代际涛动、厄尔尼诺和拉尼娜事件等,以及小尺度海洋环境条件包括黑潮和亲潮、海表温度、海表面高度、海表盐度、叶绿素浓度和浮游生物密度等。最后对以往研究存在的问题做了归纳概括,对本书所研究的主要内容和研究体系作了简要论述。

第2章主要分析太平洋柔鱼渔场作业分布的时空变化和预测柔鱼的栖息地热

点。以CPUE和渔场重心位置分别表征柔鱼资源丰度和渔场分布位置，选取影响柔鱼资源时空分布的几个相关环境因子(包括海表温度、海表面高度、海表盐度、叶绿素浓度、混合层深度、涡旋动能)，掌握柔鱼资源丰度和渔场分布以及环境因子的时间变化规律；利用经验累积分布函数法，定量估算柔鱼适宜环境因子的偏好范围；利用频率分布法，估算各年各月柔鱼丰度对应各环境因子的频率分布，制作综合环境概率分布图，概率高的海域为渔场热点区域，探索1995～2011年柔鱼渔场热点区域的年间变化，并匹配渔业数据加以验证。

第3章为近十七年来北太平洋柔鱼CPUE的标准化研究及其年间波动原因分析。利用广义线性模型(GLM)和广义加性模型(GAM)，结合时间(年和月)、空间(经度和纬度)和环境因子(海表温度、海表面高度和混合层深度)对我国鱿钓船的CPUE进行标准化，并评价各因子对CPUE的影响，分析CPUE年间波动的原因。

第4章主要为气候变化对北太平洋柔鱼资源时空分布和丰度的影响分析。太平洋年代际涛动(PDO)是北太平洋气候变化的主导因素之一。本书以这种大尺度气候变化为背景，分析柔鱼资源应对气候变化的响应，主要包含：PDO变化对西北太平洋局部海域主要包括柔鱼产卵场和育肥场物理生物环境因素的影响研究；柔鱼资源丰度和空间分布对PDO变化的响应研究；用PDO指数预测柔鱼资源丰度和渔场重心位置；PDO变化影响柔鱼种群动态的机理探索。

第5章为利用算术平均法(AMM)和联乘法(GMM)分别建立综合栖息地指数模型(HSI)，比较分析异常环境条件下(厄尔尼诺事件、正常气候条件和拉尼娜事件)西北太平洋海域柔鱼栖息地适宜性的变化。其次比较分析柔鱼渔场和产卵场初级生产力在不同环境条件下的差异以及对柔鱼资源的影响。

第6章为结论与展望。最后对本书主要结论进行总结，对存在的不足和今后进一步研究问题进行了探讨。

1.4.2 技术路线

本书所采用的技术路线如图1-7所示。

1.4.3 研究意义

传统经济鱼类资源的普遍衰退导致国际社会越来越关注头足类资源的开发和利用。西北太平洋柔鱼不仅在世界海洋渔业中占据重要地位，在海洋生态系统中也扮演着十分重要的角色。正因为柔鱼极高的社会经济价值以及独特的生态功能，加上其短生命周期的生活史特征，资源动态随气候环境条件波动显著，为了

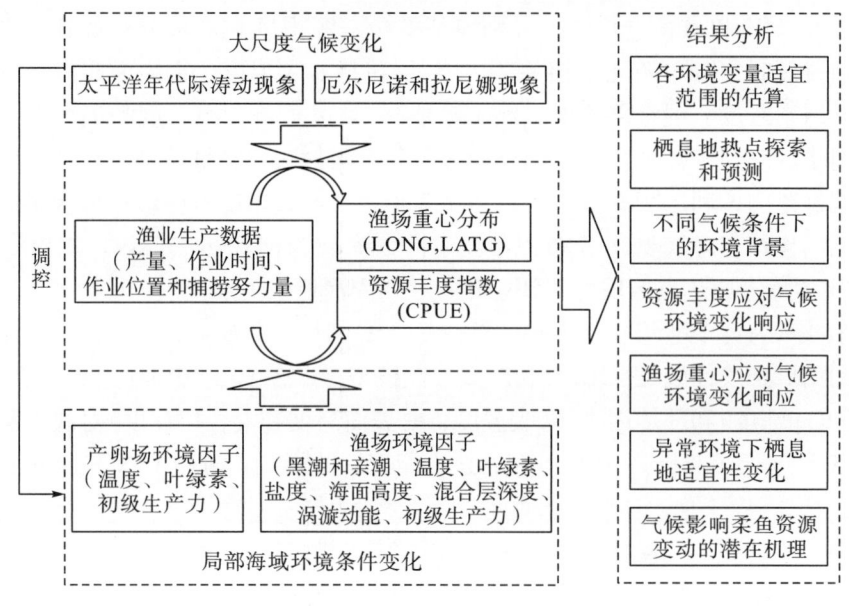

图 1-7 本书的技术路线图

可持续开发和利用北太平洋柔鱼资源，需要深入了解柔鱼种群应对多尺度气候环境响应变化过程，对其机理做出合理解释。

本书系统地研究了北太平洋柔鱼资源丰度与空间分布对气候和海洋变化的变动规律，对其年间差异进行剖析和机理解释，并利用表征气候变化的指数构建了柔鱼资源丰度与渔场重心位置的预报模型；其次，本书探索了北太平洋柔鱼渔场的栖息地热点区域，并比较分析了异常环境条件下柔鱼栖息地适宜性和海洋净初级生产力的变化。以上研究意义在于有利于合理安排渔业生产和实施有效的渔业管理政策，为柔鱼资源的可持续利用提供科学基础。

我国已加入《北太平洋公海渔业资源养护和管理公约》，成为公约缔约方。柔鱼是公约管理的重要对象之一，而我国是捕捞北太平洋柔鱼的主要国家。本书为短生命周期的头足类鱼类响应气候变化影响提供了一个系统的研究技术体系，基于以上研究可有效监测北太平洋柔鱼资源丰度和渔场时空动态，维护我国海洋渔业权益。

第 2 章　西北太平洋柔鱼资源时空分布和栖息地热点研究

大洋性种类的栖息地热点，特别是短生命周期的柔鱼科种类，很大程度上受海洋生物和物理环境条件的影响[1,10,80]。生物物理环境条件的时空变化决定了潜在的渔场分布[108,115]。对柔鱼而言，海表温度通常被看作影响柔鱼渔场分布的首要关键因子。例如，沈新强等（2004）发现柔鱼潜在的渔场分布与水温关系密切，中心渔场的分布主要与冷暖水锋面结构变动有关[107]。Chen等（2007）认为柔鱼育肥场的海表温度受 ENSO 现象调控[53]。由于气候导致的育肥场温度环境变化，柔鱼渔场沿纬度方向发生相应的偏移，如在拉尼娜年份向北移动，在厄尔尼诺年份向南移动。除此之外，海洋水色特征也为寻找柔鱼热点区提供有效信息，通常柔鱼中心渔场主要与 0.2mg/m^3、0.35mg/m^3 和 0.5mg/m^3 叶绿素浓度锋面区域相关联[91]。同时已有研究发现，柔鱼渔场与盐度（SSS）和海表面高度异常（SSHA）相关性很高[110,115]。

除去以上环境变量之外，海洋鱼类还选择适宜的涡流动能（EKE）和混合层深度（MLD），这与涡流场[116]和垂直分层结构有关[117]。例如，Zainuddin 等（2008）利用广义线性模型和广义加性模型，构建了一个模型来预测金枪鱼的栖息地热点海域[118]。从模型预测结果可以发现，金枪鱼资源丰度高的海域空间分布模态可以由涡漩和海洋锋面来解释。温跃层的深度控制了箭鱼的垂直分布，Chang 等（2013）在箭鱼的栖息地指数模型中植入 MLD 变量，模型结果表明 MLD 降低驱动了箭鱼适宜栖息地的空间转移[119]。西北太平洋过渡海域有着尺度多变的涡漩和复杂的垂直水温结构影响柔鱼种群（图 2-1），然而尚未有研究将 EKE 和 MLD 这些对海洋鱼类产生显著影响的变量与柔鱼的种群栖息地热点时空变化进行关联。

本书假设柔鱼的栖息地热点海域与渔场环境相关，环境变化可以通过卫星遥感和数值模型的环境数据进行探测。利用以下步骤来验证本书的假设：分析 1998~2009 年长期的柔鱼渔场和资源丰度的时空变化；估算柔鱼适宜的环境范围；构建柔鱼的综合环境概率分布图。本书的研究目的是开发和预测西北太平洋柔鱼冬春生群体的栖息地热点海域。

2.1 材料和方法

2.1.1 渔业生产数据

渔业生产数据来自上海海洋大学鱿钓技术组,时间为 1998～2009 年 7～11 月份,海域为 35°～50°N、150°～175°E,即为西北太平洋传统作业渔场(图 2-1)。统计内容包括捕捞日期(年和月)、捕捞位置(经度和纬度)、日产量(单位:t)和捕捞努力量(天数)。空间分辨率为 1°×1°。中国鱿钓船在这一海域的产量占了北太平洋柔鱼总产量的 80% 以上,其中 95% 以上为柔鱼冬春生西部群体,且无副渔获物[82]。对捕捞数据按月进行预处理,剔除异常值和无效的产量数据。

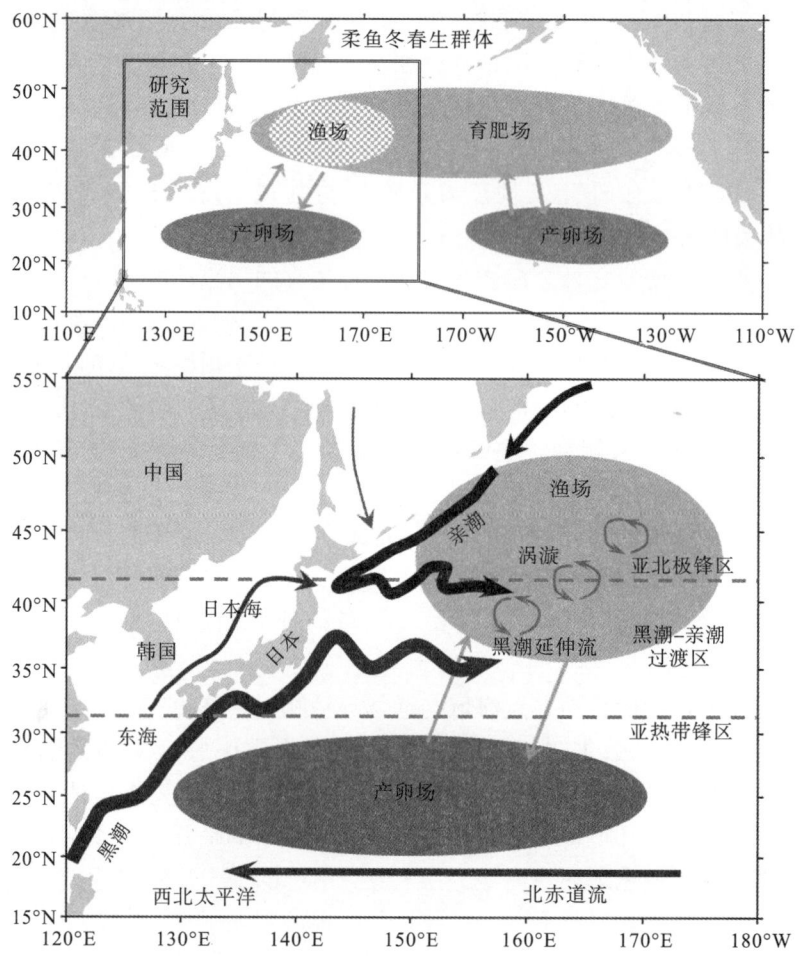

图 2-1 西北太平洋海洋学特性以及柔鱼冬春生群体从产卵场到渔场的洄游路线图

单位捕捞努力量渔获量(CPUE)可以作为柔鱼资源丰度的指标因子[120,121]。本研究定义经、纬度 1°×1°为一个渔区，按月计算一个渔区内的 CPUE，单位为 t/d。各月名义 CPUE 的计算公式为

$$\text{CPUE}_{ymij} = \frac{\sum \text{Catch}_{ymij}}{\sum \text{Times}_{ymij}} \tag{2-1}$$

式中，CPUE_{ymij} 为名义 CPUE；$\sum \text{Catch}_{ymij}$ 为一个渔区内所有渔船总产量；$\sum \text{Times}_{ymij}$ 为总作业次数即统计一个渔区内所有渔船总作业天数；i 为经度；j 为纬度；m 为月份；y 为年份。

2.1.2 环境数据

本研究中环境变量的选取依据前人研究选择 SST、Chl-a、SSHA、SSS、MLD 和 EKE 六个变量[9]。时间数据为 1998～2009 年的 7～11 月，其范围覆盖整个渔场海域。其中各月 SST 数据来源于夏威夷大学网站(http：//apdrc.soest.hawaii.edu/data)，空间分辨率为 1.0°×1.0°；各月 Chl-a 浓度和 SSHA 数据来源于 NOAA Ocean-Watch 数据库(http：//oceanwatch.pifsc.noaa.gov/las/servlets/dataset)，空间分辨率分别为 0.1°×0.1°和 0.25°×0.25°；各月 SSS、MLD 和海流速度 u、v 数据来源于美国国家环境预报中心(http：//apdrc.soest.hawaii.edu/las/v6/dataset)，空间分辨率均为 1°×(1/3)°。EKE 通过 u 和 v 计算获得[122]。环境数据范围覆盖整个渔场区域。所有的环境数据空间分辨率全部转化为 1°×1°以匹配渔业数据。

2.1.3 经验累积分布函数

本研究通过经验累积分布函数(empirical cumulative distribution function, ECDF)估算柔鱼 CPUE 与各环境变量之间的关联，该方法主要包括以下三个函数[118,123]：

$$f(t) = \frac{1}{n}\sum_{i=1}^{n} l(x_i | t) \tag{2-2}$$

其指标函数为

$$l(x_i | t) = \begin{cases} 1 & \text{if } x_i \leqslant t \\ 0 & \text{otherwise} \end{cases} \tag{2-3}$$

$$g(t) = \frac{1}{n}\sum_{i=1}^{n} \frac{y_i}{\bar{y}} l(x_i | t) \tag{2-4}$$

$$D(t) = \max | f(t) - g(t) | \tag{2-5}$$

式中，$f(t)$ 为经验累积频率分布函数；$l(x_i | t)$ 为指标函数；$g(t)$ 为以 CPUE 为

权重的累积分布函数；$D(t)$为函数$f(t)$和$g(t)$相减后绝对值的最大值，利用非参数统计 K-S 检验进行显著性检验；n 为资料个数；x_i 为每个环境变量对应 i 月的特征值；t 为分组环境因子值；y_i 为第 i 月的月平均 CPUE 值；$\bar{y}$ 为月平均 CPUE 的平均值；max 为函数 $f(t)$ 和 $g(t)$ 相减后的绝对值最大值，即表示此时 CPUE 与此环境值相关性最大。

2.1.4 综合环境概率分布图

利用上文提及的 6 个环境变量构建综合环境概率分布图，探索柔鱼的潜在栖息地热点海域。概率分布图的制作主要参考 Zainuddin 等（2006）[122]文献，本书简单介绍该构建方法：将 SST、SSHA、SSS、Chl-a、MLD 和 EKE 分别按 1.0℃、5cm、0.2 psu、0.1mg/m³、5m 和 20cm²/s² 区间隔划分成若干分段；利用频率分布法分析每个分段内 CPUE 与环境因子的关系，计算各分段内的概率。各分段概率的计算公式为

$$\text{PRO}_{j,i} = \frac{\text{CPUE}_{j,i}}{\max \text{CPUE}_{j,i}} \tag{2-6}$$

式中，i 为第 i 个分段；j 为第 j 个环境因子；$\text{CPUE}_{j,i}$ 为第 j 个环境因子在第 i 分段中总的 CPUE；$\max \text{CPUE}_{j,i}$ 为第 j 个环境因子在第 i 分段中 CPUE 的最大值；$\text{PRO}_{j,i}$ 为第 j 个环境因子在第 i 分段中的概率。

利用公式(2-7)计算综合环境概率值。假设每个环境因子对 CPUE 的影响均等，因此综合环境概率值由 6 个环境因子概率的平均值计算获得，即

$$\text{INPRO} = \frac{1}{n}\sum_{n}^{1}\text{PRO}_j \tag{2-7}$$

式中，INPRO 为综合环境概率；PRO_j 为第 j 个环境因子的概率；n 为环境变量的个数。

1998～2007 年的渔业和环境数据用来生成概率分布图和定量估算概率和 CPUE 的关系。利用 2008 年和 2009 年的环境数据预测概率和 CPUE，渔业数据用来交叉验证预测结果。通常，捕捞位置分布在高概率的海域即为柔鱼最适宜环境的栖息地。将 1998～2007 年渔业数据与概率图进行叠加，验证柔鱼资源丰度分布位置与其所在海域环境综合概率的关系。研究重点主要集中在通过以上环境变量分析北太平洋柔鱼群体栖息地热点的开发和预测。

2.2 结　果

2.2.1 柔鱼 CPUE 的年间时空分布

1998~2009 年中国鱿钓渔业 CPUE 分布年间变化明显（图 2-2 和表 2-1）。可以看出，1998~2004 年捕捞位置在经度方向较为分散，广泛分布在西北太平洋海域，而 2005~2009 年作业位置主要集中在 150°~160°E。各年 7~11 月平均 CPUE 在 2001 年最低为 1.19t/d，2007 年最高为 3.59t/d。各年最高 CPUE 均超过 4.0t/d，其纬度位置大多分布在 41.5°~43.5°N。此外，2003 年、2004 年、2005 年、2007 年和 2008 年 CPUE 较高，而 2001 年、2002 年和 2009 年 CPUE 较低。1998~2009 年中国鱿钓渔业的重心位置主要分散在 41.7°~43.4°N 和 154.2°~160.4°E，其中 2006 年作业重心最靠西部海域；2000 年最靠东部海域；2002 年最靠南部海域；而 2000 年最靠北部海域。

2.2.2 柔鱼 CPUE 的季节性分布

8月和9月捕捞作业位置基本相似，主要集中分布在 36°~46°N、150°~170°E。7月和10月的作业位置广泛分布在整个渔场范围内，但 CPUE 大小在空间上存在差异，可以看出 7 月 160°E 以西海域 CPUE 较高，160°E 以东海域 CPUE 较低，而 10 月份 160°E 以东海域的 CPUE 相对以西海域较高。11 月份的作业位置主要分散在两个海域，分别在 39°~43°N、150°~160°E 和 39°~43°N、168°~175°E（图 2-3）。各月平均 CPUE 大小具有显著差异，其中 7 月 CPUE 较低，8~11 月 CPUE 变高，其值为 1.36~2.68t/d。各月最高 CPUE 为 5.16~6.99t/d（表 2-2）。此外，7~11 月柔鱼渔场重心位置主要集中在 40.9°~42.8°N、158.2°~161.9°E 海域，其中 7 月份作业重心位置最靠近东部和南部海域，9 月份最靠近西部和北部海域。各月纬度重心位置接近亚北极锋区（约 42°N 左右）。

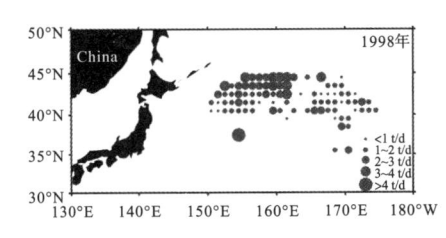

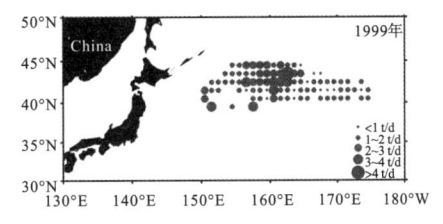

图 2-2 1998～2009 年中国鱿钓船柔鱼各年 CPUE 分布

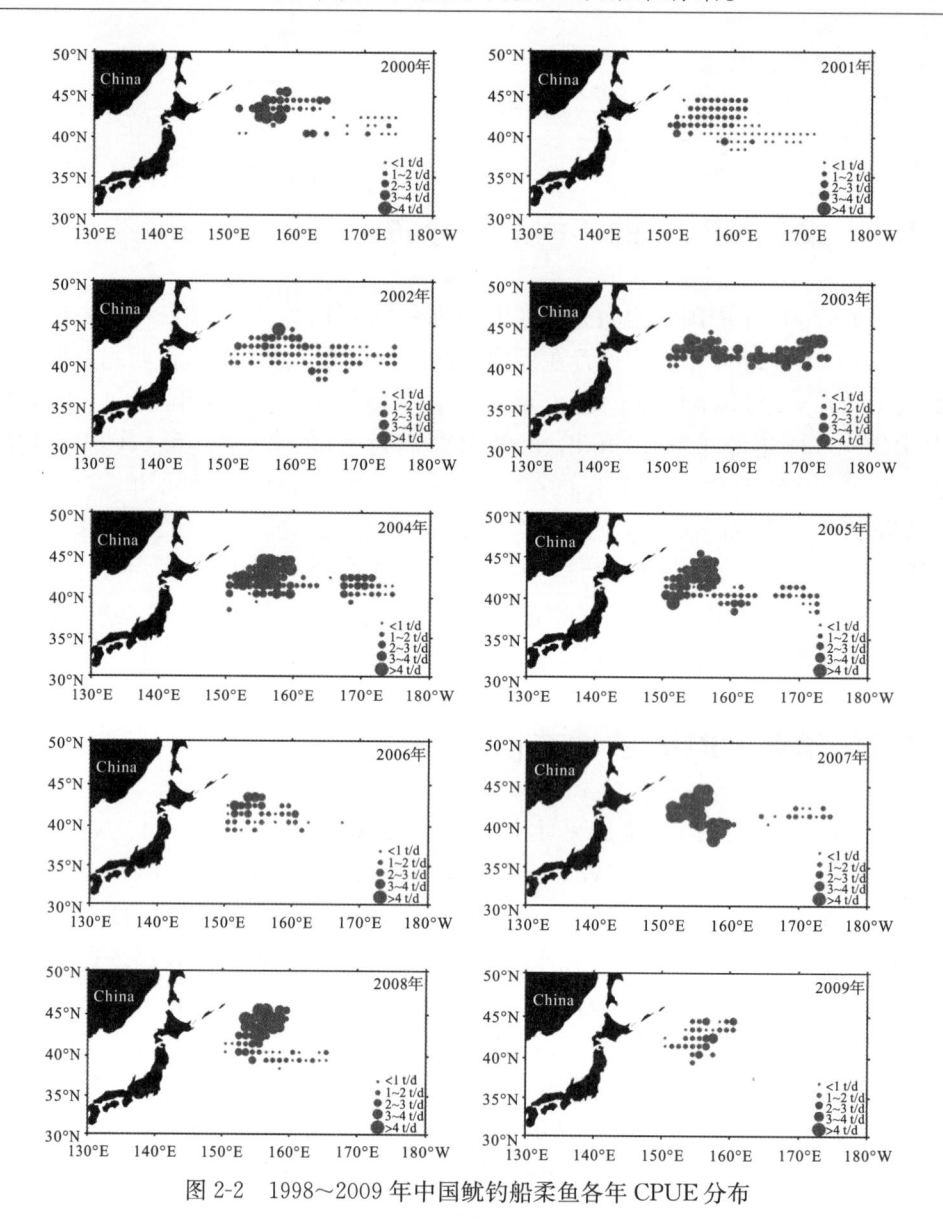

表 2-1 1998～2009 年西北太平洋中国大陆鱿钓渔船每年柔鱼冬春生群体 CPUE

年份	平均 CPUE/(t/d)	最高 CPUE/(t/d)	最高 CPUE 位置	经度和纬度重心
1998	1.76	4.50	154.5°E, 37.5°N	158.9°E, 42.3°N
1999	1.82	4.02	162.5°E, 43.5°N	159.9°E, 42.4°N
2000	1.69	6.00	155.5°E, 42.5°N	160.4°E, 43.4°N
2001	1.19	2.25	158.5°E, 39.5°N	157.4°E, 42.5°N
2002	1.29	5.00	157.5°E, 44.5°N	159.2°E, 41.7°N

续表

年份	平均 CPUE/(t/d)	最高 CPUE/(t/d)	最高 CPUE 位置	经度和纬度重心
2003	2.98	4.98	157.5°E, 41.5°N	159.2°E, 41.9°N
2004	2.63	5.64	159.5°E, 43.5°N	156.2°E, 41.9°N
2005	2.38	5.25	157.5°E, 42.5°N	155.7°E, 42.2°N
2006	2.00	3.75	154.5°E, 43.5°N	154.2°E, 42.0°N
2007	3.59	8.00	151.5°E, 41.5°N	155.8°E, 42.4°N
2008	2.27	6.99	155.5°E, 45.5°N	155.7°E, 42.9°N
2009	1.30	3.32	157.5°E, 42.5°N	155.1°E, 42.2°N

表 2-2　1998~2009 年西北太平洋中国大陆鱿钓渔船各月柔鱼冬春生群体 CPUE

月份	平均 CPUE(t/d)	最高 CPUE(t/d)	最高 CPUE 位置	经度和纬度重心
7	1.36	5.16	157.5°E, 38.5°N	161.9°E, 40.9°N
8	2.68	5.83	158.5°E, 39.5°N	158.3°E, 41.7°N
9	2.61	6.99	155.5°E, 45.5°N	158.2°E, 42.8°N
10	2.12	6.26	153.5°E, 44.5°N	160.9°E, 42.4°N
11	2.54	5.59	168.5°E, 41.5°N	160.7°E, 42.4°N

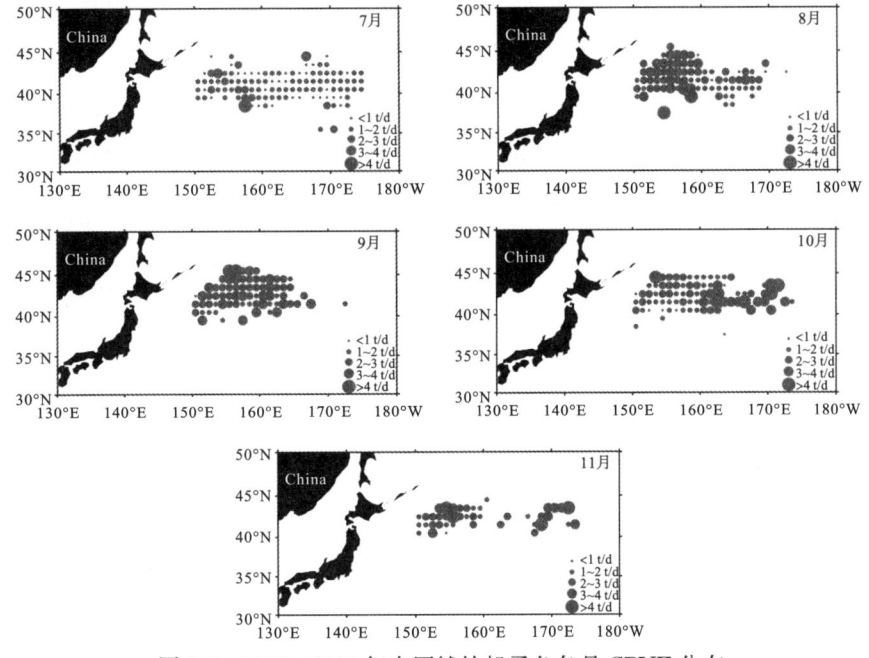

图 2-3　1998~2009 年中国鱿钓船柔鱼各月 CPUE 分布

2.2.3 渔场各环境因子的季节性变化规律

西北太平洋柔鱼渔场 6 个环境变量在 7~11 月变化明显(图 2-4)。SSHA、SSS、MLD 和 EKE 在 7~8 月捕捞月份早期时较低，在随后月份中呈上升趋势。SST 在 8 月和 9 月时较高，7 月和 10 月渔场 SST 几乎相等，11 月 SST 最低。各月 Chl-a 浓度变动幅度较小，8 月份最低，10 月份最高。7~11 月 SST、SSHA、SSS、Chl-a、MLD 和 EKE 变化分别为 12.61~17.84℃、3.8~9.4cm、33.57~33.65psu、0.37~0.47mg/m³、13.0~56.6m 和 38.7~57.9cm²/s²。8 月时 CPUE 最高，该月渔场对应较高的 SST 为 17.07~18.61℃(17.84±0.77℃)。而对应的其他变量 SSHA、SSS、Chl-a、MLD 和 EKE 值偏低，分别为 5.2~8.2cm(6.7±1.5cm)、33.54~33.60psu(33.57±0.03psu)、0.34~0.40mg/m³(0.37±0.03mg/m³)、10.9~15.1m(13.0±2.1m)和 31.9~49.1cm²/s²(40.5±8.6cm²/s²)(图 2-4)。

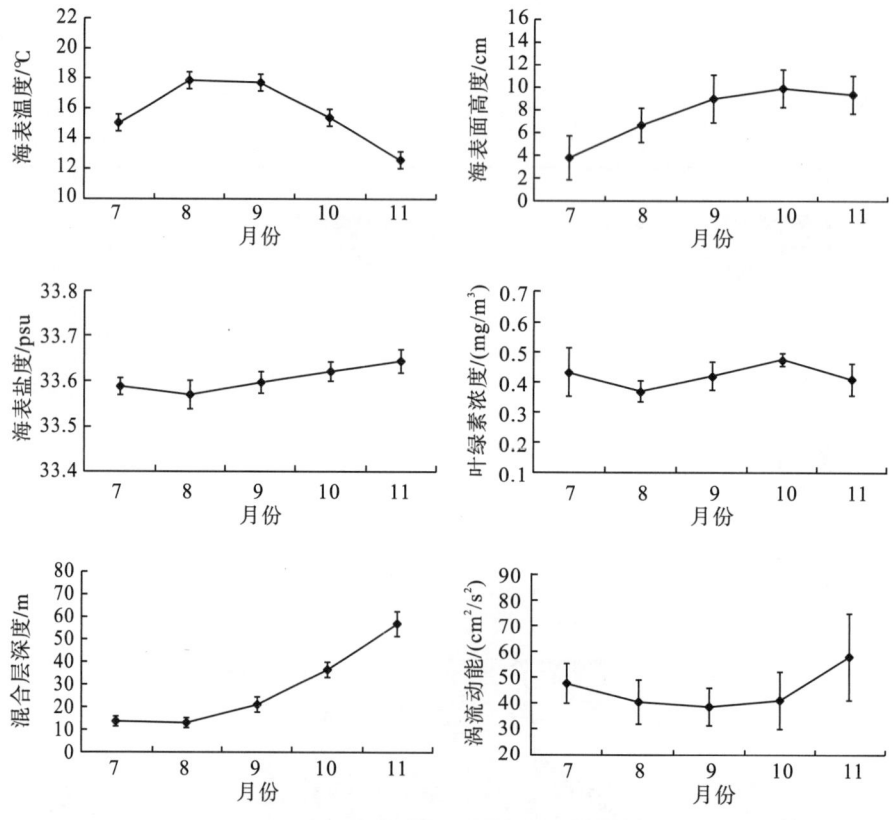

图 2-4 1998~2009 年 7~11 月海表温度、海表面高度、海表盐度、叶绿素浓度、混合层深度和涡流动能

注：误差线代表各月环境变量的标准差

2.2.4 柔鱼对各环境因子的偏好范围

根据 ECDF 计算结果，1998~2009 年 7~11 月西北太平洋柔鱼 CPUE 与各环境变量之间存在显著的关联。各变量累积函数分布曲线 $f(t)$ 和以 CPUE 为权重的函数曲线 $g(t)$ 存在明显差异（图 2-5）。可以发现渔场所在海域环境变量分布范围较广，然而推断的各变量最适范围相对偏窄。K-S 检验显示绝对值 $D(t)$ 统计结果显著（$P<0.05$）。CPUE 与以下环境变量范围关联性较强，其中 SST 为 17.6~18.6℃，SSHA 为 −5~1.5cm，SSS 为 33.58~33.79psu，Chl-a 为 0.41~0.55mg/m³，MLD 为 15.5~18.5m 以及 EKE 为 28~35.5cm²/s²。$D(t)$ 最大时表示 CPUE 与此时的环境变量值相关性最大，最相关时 SST 值为 18.2℃，SSHA 为 0.5cm，SSS 为 33.77psu，Chl-a 为 0.44mg/m³，MLD 为 17m 以及 EKE 为 32.5cm²/s²（图 2-5）。

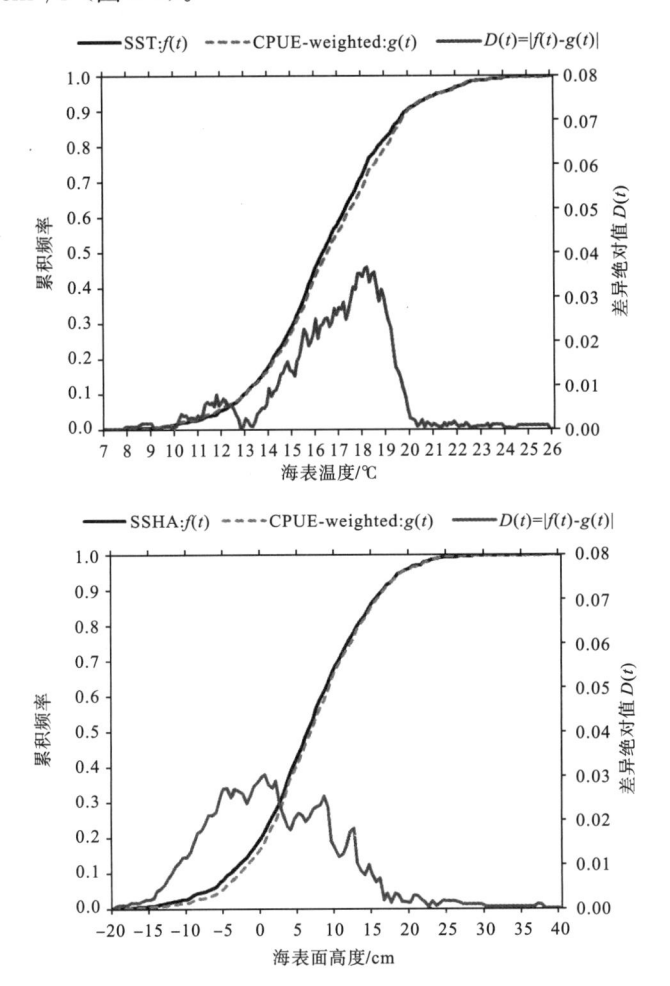

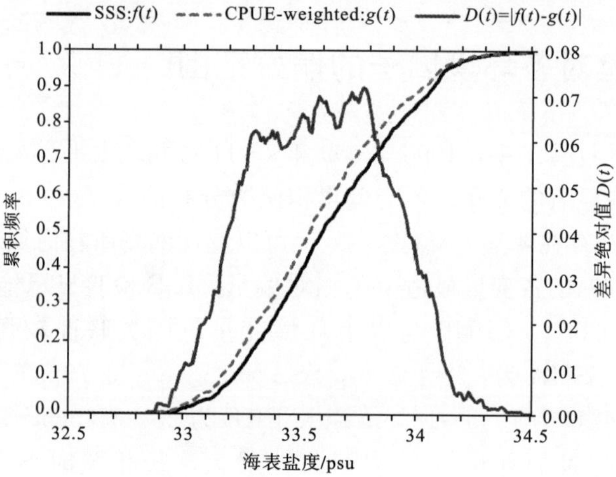
SSS:f(t)
CPUE-weighted:g(t)
D(t)=|f(t)-g(t)|
累积频率
差异绝对值 D(t)
海表盐度/psu
32.5
33
33.5
34
34.5

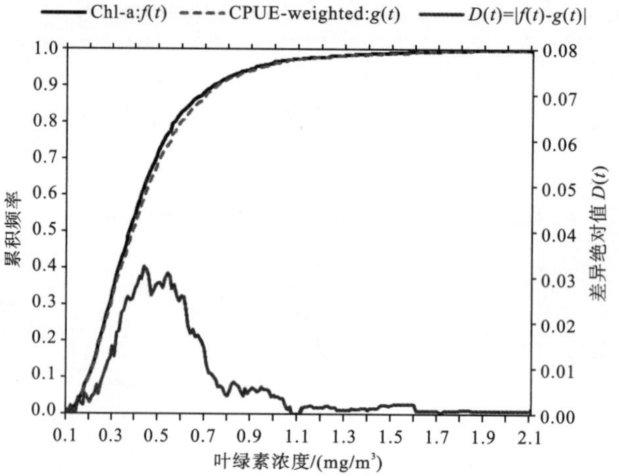
Chl-a:f(t)
CPUE-weighted:g(t)
D(t)=|f(t)-g(t)|
累积频率
差异绝对值 D(t)
叶绿素浓度/(mg/m3)

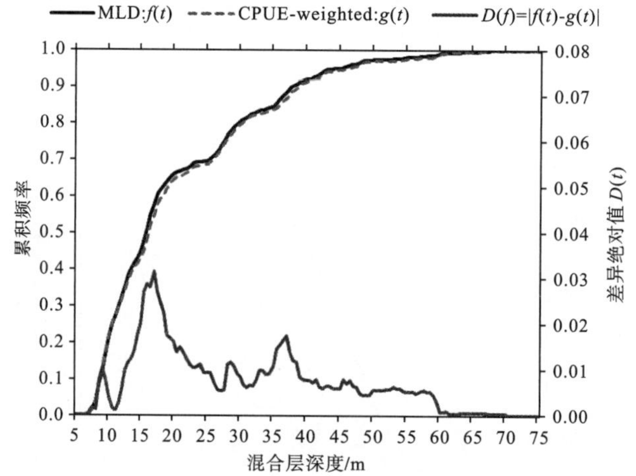
MLD:f(t)
CPUE-weighted:g(t)
D(f)=|f(t)-g(t)|
累积频率
差异绝对值 D(t)
混合层深度/m

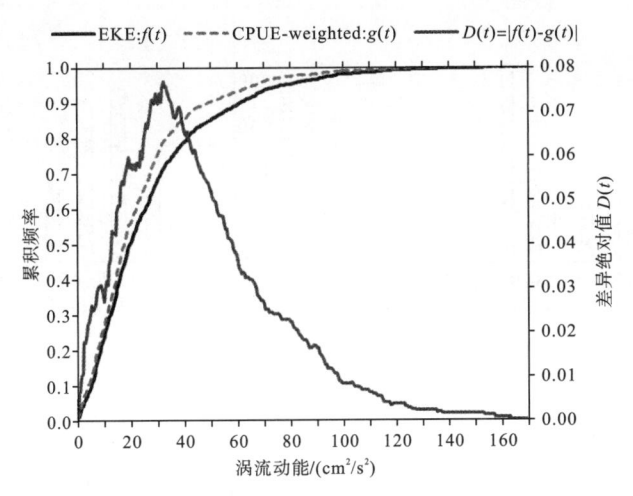

图 2-5 1998～2009 年 7～11 月海表温度、海表面高度、海表盐度、叶绿素浓度、混合层深度和涡流动能加上 CPUE 权重的经验累积函数分布图

2.2.5 柔鱼栖息地热点海域分布

由于 8 月份柔鱼渔场平均 CPUE 最高，本书以 8 月份为例，构建该月柔鱼渔场的综合环境概率分布图来探索柔鱼栖息地热点海域。根据 CPUE 频率分布图（图 2-6），计算各环境变量不同分段区间内的概率值，最终构建综合环境频率概率分布图。结果发现，1998～2007 年 8 月份柔鱼较高 CPUE 对应的各环境变量分别为：SST 为 15～22℃，SSHA 为 -5～20cm，SSS 为 33.2～34.0psu，Chl-a 为 0.1～0.5mg/m³，MLD 为 5～15m 以及 EKE 为 0～40cm²/s²。最高 CPUE 对应各环境变量分别为：SST 为 19～20℃，SSHA 为 0～5cm，SSS 为 33.6～33.8psu，Chl-a 为 0.2～0.3mg/m³，MLD 为 5～10m 以及 EKE 为 0～20cm²/s²。

结果表明，1998～2007 年 8 月 72% 的渔船作业位置出现在概率≥0.6（定义为柔鱼栖息地热点）以上的海域内。图 2-7 中概率≥0.8 的海域被认为是最适宜的柔鱼栖息地，主要分布在 39°～47°N 的海域，形成一个纬度带，38°N 以南海域概率明显降低。柔鱼栖息地热点海域在纬度方向的位置变动不大，而在经度方向的年间变化明显，可以发现 2007 年渔场东部热点海域面积锐减（图 2-7）。1998～2007年，CPUE 高概率主要分布在 0.5～0.8，概率低于 0.4 以下的海域 CPUE 较低。从图 2-8 中可以看出，CPUE 随概率的增加而上升。利用线性回归分析发现，ln(CPUE+1) 与概率之间存在正相关关系，统计显著（$F=21.721$，$R^2=0.2246$，$P<0.001$）（图 2-8）。

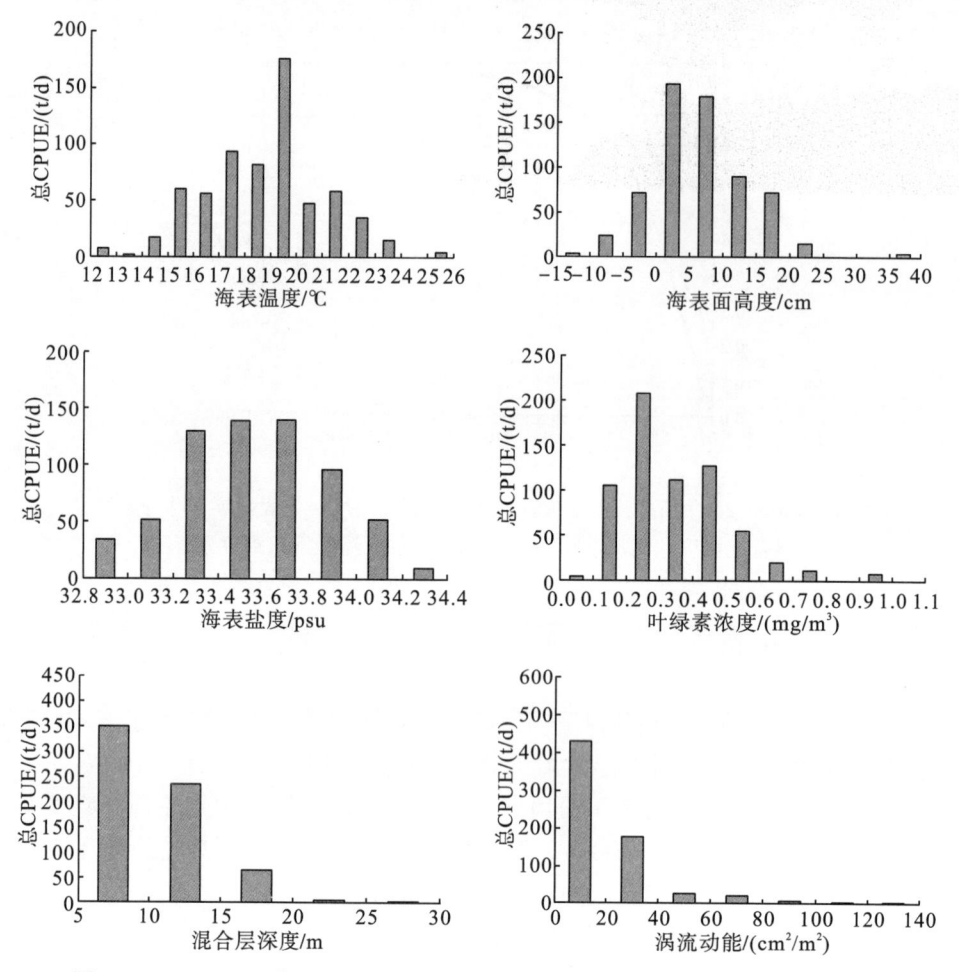

图 2-6　1998～2007 年 8 月份海表温度、海表面高度、海表盐度、叶绿素浓度、
混合层深度和涡流动能与 CPUE 的关系

基于 1998～2007 年 CPUE 与环境变量的关系，对 2008 年和 2009 年渔场概率进行预测，并对其进行平均处理，见图 2-9 中灰色阴影部分。相关分析显示 1998～2009 年 8 月平均 CPUE 与概率成正相关，但相关性不显著（$R=0.302$，$P=0.170>0.05$）。1998～2007 年渔场平均概率有 3 个高峰期，分别出现于 2000 年、2003 年和 2005 年，这三年对应的平均 CPUE 也较高。2002 年柔鱼 CPUE 较低，此时对应的渔场概率也低。2007 年 8 月渔场平均 CPUE 为最高，但没有对应最高概率（图 2-9）。此外，预测的 2008 年环境概率较高而 2009 年其值较低，他们分别对应了较高和较低的 CPUE。

构建 2008 年和 2009 年 8 月份渔场 CPUE 预测图，从图 2-10 中可以看出，2008 年 8 月份预测的高 CPUE（CPUE>4t/d）海域和 2009 年 8 月份高 CPUE（CPUE>2.5t/d）海域分别位于 41°～44°N、150°～163°E 和 41°～44°N、150°～

157°E。且 2008 年 8 月预测的 CPUE 显著较高，而 2009 年 8 月预测的 CPUE 偏低。此外两年的 CPUE 渔业数据对应了各年预测的高 CPUE 海域位置(图 2-10)。

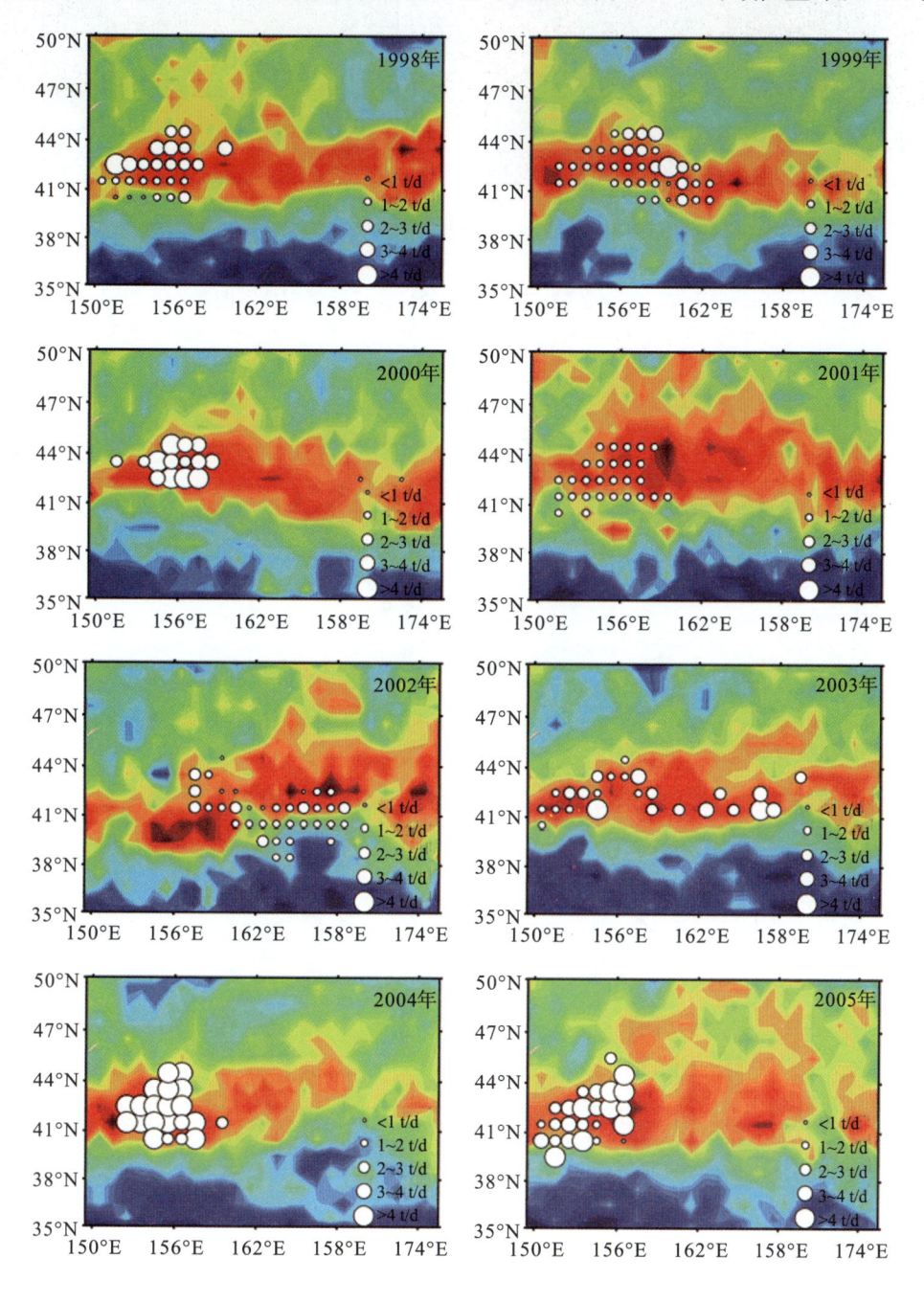

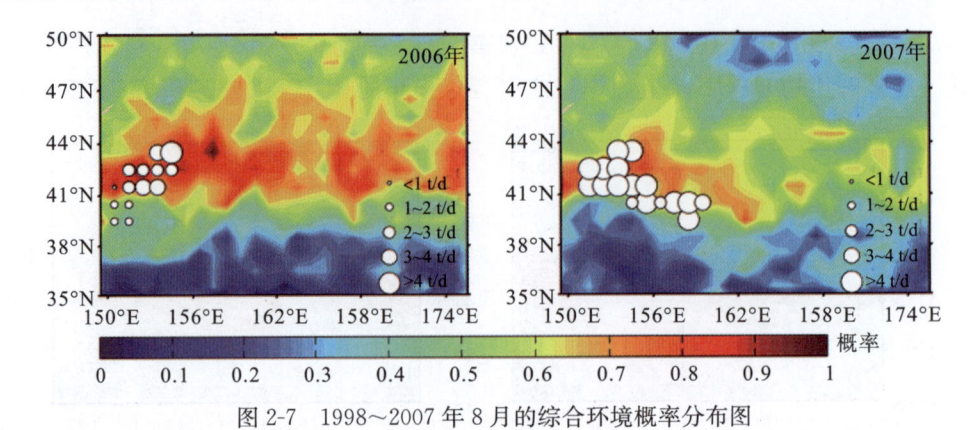

图 2-7　1998～2007 年 8 月的综合环境概率分布图

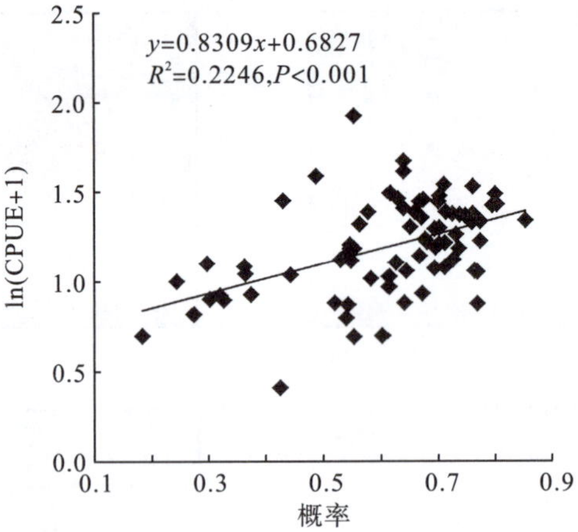

图 2-8　1998～2007 年 8 月 CPUE 对数变化后与综合环境概率的关系

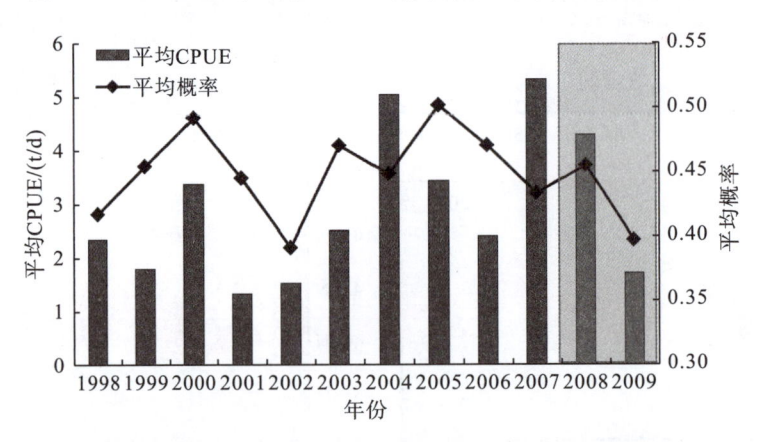

图 2-9　1998～2009 年 8 月平均 CPUE 与综合环境概率

注：灰色阴影部分为基于 1998～2007 年 CPUE 与环境关系预测的 2008 年和 2009 年 8 月综合环境概率

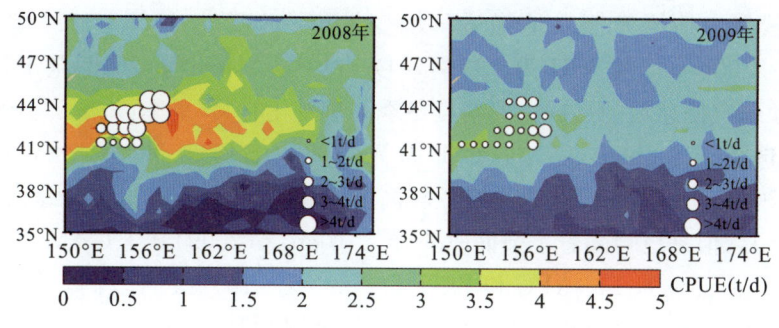

图 2-10 2008 年和 2009 年 8 月 CPUE 的空间分布与 CPUE 预测图叠加

2.3 分析与讨论

本研究根据中国鱿钓渔业资料，分析了 1998～2009 年 7～11 月西北太平洋 35°～50°N、150°～175°E 渔场柔鱼冬春生群体的时空分布。这些结果有助于理解柔鱼的分布规律。柔鱼的资源丰度和分布具有显著的年间和季节性变化特征（图 2-2 和图 2-3）。渔场重心年间变化在纬度上从 41.7°N 到 43.4°N，偏差为 1.7；在经度上从 154.2°E 到 160.4°E，偏差为 6.2。渔场经度重心大多数分布在 160°E 西侧海域。以上结论与前人研究结果一致[94,124]。

7～11 月份，柔鱼主要分布在黑潮和亲潮过渡区高生产力海域[30]。过渡区海域跨越 2°～4°N 纬度，因此柔鱼在纬度方向上不会经历很大的偏移。由于两大流系的交汇，混合区产生了一个向东方向的延伸流，因此该海域内具有密集的海洋锋区和复杂的涡流结构，特别是在 160°E 西侧海域，更有利于较好的摄食环境形成[125]。因此在 160°E 西侧海域的物理生物环境条件更有利于柔鱼种群聚集生长，导致产生较高的资源丰度[56]。

柔鱼在南北方向的洄游受西北太平洋海洋环境和气候变化影响。Ichii 等（2009）认为柔鱼地理分布的变化主要是对最适产卵海域和叶绿素过渡海域位置季节性移动的响应[30]。Chen 等（2012）研究发现黑潮的输运路径和流量调控了 150°～155°E、40°～43°N 这一环境条件，该海域内的 SSTA 变化可以用来解释柔鱼种群在纬度上的偏移[52]。此外，也有研究认为以水平和垂直温度梯度为指标的海洋锋区变动同样对柔鱼的空间分布产生极大影响[126]。本研究中，柔鱼渔场纬度重心 7～9 月份是向北移动，到 10 月和 11 月开始向南偏移（表 2-2），渔场重心的季节性移动与柔鱼生活史洄游时间相匹配。这是由于柔鱼到 7 月份时向北育肥场洄游摄食生长，到 10 月份左右柔鱼开始性成熟，向南产卵场洄游繁殖产卵[34,35]。

前人研究大多数利用栖息地指数模型（HSI）、GAM 模型和地理信息系统（GIS）技术来估算北太平洋柔鱼栖息地的适宜环境特征。例如，Tian 等构建柔鱼的 HSI 模型来估算其栖息地最适环境变量为：SST 为 16.6~19.6℃，SSS 为 33.10~33.35psu 以及 SSH 为-20~(-4)cm[112]。Alabia 等(2015)基于 HSI 模型认为柔鱼适宜栖息地的形成主要与夏冬季温盐变化有关(夏季：SST 为 11~18℃，SSS 为 33.7~34.3psu；冬季：SST 为 7~17℃，SSS 为 33.8~34.8 psu)[127]。Fan 等(2009)利用 GAM 模型分析了较高的柔鱼丰度主要分布在叶绿素为 0.1~0.3mg/m³，但是也会随着季节而改变[128]。Tian 等(2009)基于 GAM 模型认为柔鱼 CPUE 在 SST 为 14~21℃ 和 SSH 为-22~(-18)cm 时较高[129]。Wang 等(2010)基于 GIS 技术分析得出柔鱼主要在黑潮和亲潮过渡区海域内 Chl-a 在 0.25~0.5mg/m³ 获取[91]。本书利用 ECDF 方法探索了柔鱼栖息地与环境变量的关联。ECDF 作为非参数数学统计方法，能够估算柔鱼种群在任何环境范围内出现的概率，是方法论的重要进步[130]。研究中推测的 SST、SSHA、SSS、Chl-a、MLD 和 EKE 适宜范围与以上前人研究结果基本一致。研究发现柔鱼的分布与栖息环境条件相关，并不是随机分布。在适宜的环境范围内，栖息地会提供适宜的生理和摄食等条件，引诱柔鱼聚集形成渔场。因此，以各环境变量最适宜的范围作为指示因子可以用来寻找资源丰度高的柔鱼渔场。

除了 SST、SSHA、SSS 和 Chl-a 浓度之外，本研究尝试了利用物理环境变量 MLD 和 EKE 来检验渔场范围内的温度垂直分层和海洋涡流对柔鱼栖息地的影响。柔鱼倾向于出现在 MLD 较浅和 EKE 较低的海域，一般聚集于 MLD 为 5~60m，最适宜 MLD 为 15.5~18.5m(图 2-5)。通常情况下，MLD 与垂直水温结构有关[131]，本研究中 8 月和 9 月渔场平均 MLD 分别为 13.0m 和 21.2m(图 2-4)，这两月均对应了较高的 SST。因此，8 月和 9 月较高的 SST 和较浅的 MLD 产生了较高的柔鱼资源丰度。Chen 等(2014)认为 8 月和 9 月柔鱼渔场 0~50m 垂直水温梯度为 0.15~0.25℃/m，10 月份为 0.10~0.15℃/m[126]，这意味着在 0~50m 水层可能存在混合层(以 0.2℃ 定义)。表层的混合层能够吸收更多的光照强度，浮游植物浓度增加，从而给柔鱼创造了更好的摄食条件[97]。另一方面，EKE 对大洋性鱼类渔场的形成产生了显著的影响，例如长鳍金枪鱼[122]和鲣鱼[83]。对柔鱼而言，其中心渔场可分为三类分布模式，即舌型渔场、枝叉型渔场和涡流渔场。涡流渔场出现概率高，柔鱼总产量和 CPUE 均为最高[132]。其原因可能是涡漩能够将营养盐分带至透光层[133]，增加食物饵料的密度[134]。然而本书并未涉及涡漩导致丰产渔场的机制研究，未来需要考虑耦合海洋物理和生物模型来进一步探讨。

柔鱼最适宜的环境偏好范围(图 2-5)与 8 月份较高 CPUE 出现的环境范围存在差异，这是由于不同时间的数据资料导致的。根据渔场范围内环境条件的综合影响，本书利用 6 个环境变量计算了渔场的概率分布，探索 1998~2007 年的栖息地热点分布。柔鱼栖息地热点与亚北极锋区位置重合，大约为 42°N (图 2-7)。

每年海洋生物物理环境（如温度锋区、海洋水色、海流和涡漩）导致栖息地热点分布发生变化。渔民总是期待他们的渔船能够一直在柔鱼丰度较高的海域内作业，因此作业位置理论上都出现在适宜的柔鱼栖息地范围内[135]。研究结果表明大多数鱿钓船的分布位置与高概率海域相匹配，说明了利用这些环境变量探索西北太平洋柔鱼栖息地热点海域是合理的。此外，对数变化后的 CPUE 与环境概率之间存在显著的正相关关系，也进一步说明了创建环境概率分布图为开发和利用柔鱼栖息地热点海域提供了一个有力工具（图 2-8）。

每年 8 月份渔场平均 CPUE 和概率波动明显，两者之间呈正相关，但统计上不显著（图 2-9）。2000 年、2003 年、2005 年和 2008 年渔场概率高，这四年柔鱼资源丰度也高，暗示了这几年渔场环境条件有利，可能为柔鱼提供了丰富的饵料食物和适宜的生理条件。相反，2001 年、2002 年和 2009 年渔场概率低，资源丰度也随之降低。导致资源丰度低的原因可能来源于渔船搜索柔鱼栖息地热点海域能力不足，柔鱼栖息地热点海域面积减少或者栖息地热点海域未充分开发等。前人研究对以上年份柔鱼产量变低提出一些潜在的原因，他们认为黑潮的蛇形弯曲、亲潮冷水团侵入渔场以及柔鱼饵料食物减少可能形成了一个不利的柔鱼栖息地[93,136]。2007 年 8 月渔场的平均概率偏低，但当月 CPUE 却异常偏高，其原因可能是该年 8 月渔船作业位置主要分布在 40°～44°N、150°～162°E，这一海域从图 2-9 中可能看出正好对应了柔鱼栖息地热点海域位置，因此柔鱼栖息地热点与捕捞作业位置的吻合可能是导致 2007 年 8 月丰产原因之一。

从 2008 年和 2009 年预测的概率和 CPUE 分布图可以看出，利用综合环境概率分布图探索柔鱼栖息地热点是合理可行的（图 2-9 和图 2-10）。本书将柔鱼的分布和其相关的环境变量之间的关系定量化，其定量的关系真实地反映了柔鱼在环境中的分布规律，因此可以用来预测柔鱼在未来年份的空间分布。因此，2008 年和 2009 年的预测的概率以及 CPUE 预测分布图与当年 CPUE 实际观测值一致（图 2-9）。研究结果认为综合环境概率方法可以用来精确预测柔鱼资源丰度的时空分布。

不可避免的是，在构建综合环境概率分布图中会存在一些偏差，例如图 2-8 中可以发现有少量高/低 CPUE 对应了低/高概率，图 2-9 中预测的 CPUE 比实际渔业数据要略微偏低。这些误差可能来源于对环境数据的处理。第一，本书中环境数据有两个来源，一是来源于卫星遥感数据，另一个是来源于模型数据，不同的数据的来源可能存在系统偏差[137]。第二，本书假设各个环境变量对柔鱼种群动态的影响是相等的，而实际上各变量对柔鱼栖息地的作用大小不一[138]。另外环境变量之间不是独立存在的，本书未考虑变量之间的相互作用。此外，研究表明，风场是形成海洋流场的主要驱动因子[139]，对大洋性鱼类的空间分布模式具有重要作用[112,140]。本书中未考虑风场的作用可能也是引起误差的原因之一。未来研究需要进一步考虑其他对柔鱼栖息地变动具有重要影响的环境因子，且对各环境变量设置不同权重以区分影响，使之更为精确地预测柔鱼的栖息地热点。

2.4 小　　结

本章根据 1998~2009 年 7~11 月我国鱿钓船在 35°~50°N、150°~175°E 传统作业渔场海域的生产统计数据和环境数据，分析了柔鱼的时空分布以及栖息地热点海域。利用经验累积函数法估算柔鱼对生物物理环境变量的偏好范围。本章研究主要包括以下几个环境变量：温度（SST）、海表高度异常（SSHA）、盐度（SSS）、叶绿素浓度（Chl-a）、混合层深度（MLD）和涡流动能（EKE）。利用综合环境概率分布图来探索和发现柔鱼栖息地热点海域。研究发现，柔鱼的分布和资源丰度呈现明显的年间和季节变化。渔场各年纬度和经度重心主要分布在 41.7°~43.4°N、154.2°~160.4°E 海域，其中 2006 年作业重心最靠近西部海域；2000 年最靠近东部海域；2002 年最靠近南部海域；而 2000 年最靠近北部海域。7~11 月柔鱼渔场重心位置主要集中在 40.9°~42.8°N、158.2°~161.9°E 海域内，其中 7 月份作业重心位置最靠近东部和南部海域，9 月份最靠近西部和北部海域。各月纬度重心位置接近亚北极锋区。以名义 CPUE（单位捕捞努力量渔获量）表征资源丰度，其值在 2003 年、2004 年、2005 年、2007 年和 2008 年较高，在 2001 年、2002 年和 2009 年相对较低。7~11 月 CPUE 为 1.36~2.68t/d，8 月份的 CPUE 最高。SST、SSHA、SSS、Chl-a、MLD 和 EKE 在 7~11 月分别为 12.61~17.84℃、3.8~9.4cm、33.57~33.65psu、0.37~0.47mg/m^3、13.0~56.6m 和 38.7~57.9cm^2/s^2。柔鱼对各环境变量的适宜值为：SST 为 17.6~18.6℃，SSHA 为 −5~1.5cm，SSS 为 33.58~33.79psu，Chl-a 为 0.41~0.55mg/m^3，MLD 为 15.5~18.5m，EKE 为 28~35.5cm^2/s^2。以 8 月份为例，构建该月柔鱼渔场的综合环境概率分布图来探索柔鱼栖息地热点海域。柔鱼栖息地热点海域与亚寒带锋区位置重合。约 72% 的作业位置分布于概率大于等于 0.6 的海域。1998~2007 年 CPUE 随综合环境概率的升高而上升，线性回归分析发现，ln(CPUE+1) 与概率之间存在正相关关系，统计显著（$P<0.001$）。2008 年和 2009 年预测的高 CPUE 海域与渔业数据吻合较好。本研究有助于理解柔鱼热点海域的时空变化。该方法也可用来预测其他大洋性鱼类的栖息地热点海域。

第3章　西北太平洋柔鱼资源丰度年间变化分析

柔鱼(*Ommastrephes bartramii*)是一种生态机会主义物种,广泛分布在太平洋亚热带和温带水域[20]。柔鱼渔场分布以及资源丰度与海洋环境关系密切,其产量随环境年际变化而发生变动,中国大陆柔鱼产量在1999年时达到最高值,超过$13×10^4$ t,但在2009年产量降低至$3×10^4$ t左右,可以看出近十多年中国鱿钓渔业渔获量年间波动剧烈[19]。单位捕捞努力渔获量(CPUE)通常作为衡量鱼类资源量水平的指标之一,是进行渔业资源评估和进行管理决策的基础,因此对柔鱼资源量评估是一项重要研究课题[120]。

柔鱼渔业作为我国远洋渔业重要组成部分,其经济价值巨大,但国内对于北太平洋柔鱼资源丰度年间变化分析十分匮乏。目前国内国际已有文献研究其他一些经济鱼类的资源丰度变化分析。例如,牛明香等(2010)利用广义加性模型(generalized additive model,GAM)分析了东南太平洋智利竹筴鱼资源变动情况以及与时空和环境因子的关系,其结果表明竹筴鱼资源量水平具有季节性变化,在第25~31周次时资源量水平高[141]。作业渔场主要集中在78°~98°W、30°~43.5°S。环境因子对竹筴鱼资源丰度的重要性从高到低依次为海表温度、叶绿素浓度和海表温度梯度。陆化杰等(2013)利用广义线性模型(generalized linear model,GLM)和GAM模型分别分析了影响西南大西洋阿根廷滑柔鱼的资源丰度的因子,GLM模型结果显示年、纬度和海表温度显著影响阿根廷滑柔鱼资源丰度,而GAM模型则认为年、月、经度、纬度、海表温度以及海表面高度对滑柔鱼资源水平产生较高影响[142]。王从军等(2014)估算了1999~2011年东黄海鲐鱼的资源丰度指数,其资源量总体呈下降水平,2008年以后下降程度更为明显[143]。其研究结果总结了过高的渔获量和渔船数量过度增长是导致鲐鱼资源下降的主导因素。由于名义CPUE受作业时间、作业位置、海洋环境和捕捞性能等各种因素影响,无法真实反映资源量大小。因此对名义CPUE进行标准化可以减少资源评估结果误差和不确定性。

为此,本书根据1995~2011年我国西北太平洋柔鱼鱿钓渔业统计数据,结合时空和海洋环境因子,利用GLM和GAM模型对北太平洋柔鱼CPUE进行标准化处理,对西北太平洋柔鱼的资源量水平进行评估,掌握其资源丰度时空变化趋势及变动原因,为西北太平洋柔鱼冬春生群体的资源评估工作提供依据。

3.1 材料与方法

3.1.1 渔业生产数据

柔鱼渔业生产统计数据来自中国远洋渔业协会上海海洋大学鱿钓技术组，时间为1995～2011年7～11月，海域为35°～50°N、150°～175°E，范围为西北太平洋传统作业渔场。统计内容包括捕捞日期（年和月）、捕捞位置（经度和纬度）、日产量（单位：t）。空间分辨率为1°×1°。

3.1.2 环境数据

环境数据包括海表温度（sea surface temperature，SST）、海表面高度（sea surface height，SSH）和混合层深度（mixed layer depth，MLD），数据范围为西北太平洋柔鱼传统作业渔场，为35°～50°N、150°～175°E海域。其中SST数据来源于夏威夷大学网站（http://apdrc.soest.hawaii.edu/data）；SSH数据来自Ocean-Watch网站（http://oceanwatch.pifsc.noaa.gov/las/servlets/dataset）；MLD数据来源于美国国家环境预报中心（http://apdrc.soest.hawaii.edu/las/v6/dataset）。

3.1.3 GLM和GAM模型

计算名义CPUE的方法有多种，本书定义经度、纬度1°×1°为一个渔区，按月计算一个渔区内的单位捕捞努力量渔获量，单位为t/d[120,121]。

$$\text{CPUE}_{ymij} = \frac{\sum \text{catch}_{ymij}}{\sum \text{times}_{ymij}} \tag{3-1}$$

式中，CPUE_{ymij}为名义CPUE；$\sum \text{catch}_{ymij}$为第y年、m月、i经度、j纬度（1°×1°）总产量；$\sum \text{times}_{ymij}$第y年、m月、i经度、j纬度（1°×1°）对应的总作业次数。

GLM模型是假设响应变量的期望与解释变量呈线性关系[144]，使用时间变量（年和月）、空间变量（经度和纬度）和环境变量（SST、SSH和MLD）作为解释变量，其中年、月为分类离散变量，其他变量为连续变量，本书使用Ⅲ型离均差平方和对GLM模型参数进行显著性检验[143]。为防止零值出现，将ln(CPUE+1)作为响应变量构建GLM模型[145]。本书中假设CPUE服从对数正态分布，GLM模型表达式为

$$\ln(\text{CPUE}_{ymij}+1) = \partial_0 + \partial_1 \text{Year}_y + \partial_2 \text{Month}_m + \partial_3 \text{Longitude}_i + \partial_4 \text{Latiude}_j$$
$$+ \partial_5 \text{SST}_{ymij} + \partial_6 \text{SSH}_{ymij} + \partial_7 \text{MLD}_{ymij} + \partial_8 \text{interactions} + \varepsilon_{ymij} \quad (3\text{-}2)$$

式中，CPUE 为单位捕捞努力量渔获量；$\partial_0 - \partial_8$ 为模型参数；interactions 为交互项，本书包括 MLD 分别与 SST、SSH 的交互效应；ε_{ymij} 为误差项。

GAM 模型用来处理响应变量与解释变量之间的非线性关系[144]。本书中 GAM 模型表示为

$$g[\ln(\text{CPUE}_{ymij}+1)] = c + \text{Year}_y + \text{Month}_m + s(\text{Longitude}_i) + s(\text{Latitude}_j)$$
$$+ s(\text{SSI}_{ymij}) + s(\text{SSH}_{ymij}) + s(\text{MLD}_{ymij}) + (\text{interactions}) + \varepsilon_{ymij} \quad (3\text{-}3)$$

式中，g 为连接函数；c 为常数；s 为平滑函数；ε_{ymim} 为误差项。

解释变量为 GLM 模型检验得到的显著性变量及交互项依次加入 GAM 模型中，得到不同结构的 GAM 模型。选用赤池信息准则（akaike information criterion，AIC）评价模型结果，AIC 值最小为最优模型[146]。AIC 值计算公式如下：

$$\text{AIC} = 2q + n\ln(\text{RSS}/n) \quad (3\text{-}4)$$

式中，q 为模型参数个数；n 为数据样本个数；RSS 为残差平方和。

3.2 研 究 结 果

3.2.1 解释变量 ln(CPUE+1) 的统计分布检验

K-S 检验显示，ln(CPUE+1) 的数据点在正态 p-p 图中几乎形成一条直线（图 3-1）。此外 ln(CPUE+1) 基本服从正态分布，其中 $u=1.0328$，$\sigma=0.4067$（图 3-2），因此运用 GLM 和 GAM 模型进行数据分析是合理的。

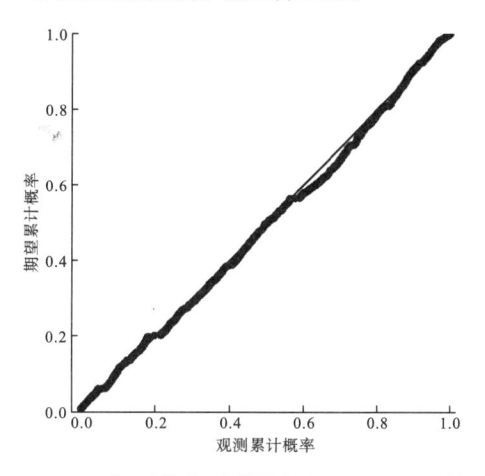

图 3-1　1995～2011 年西北太平洋柔鱼 ln(CPUE+1) 的正态 p-p 图

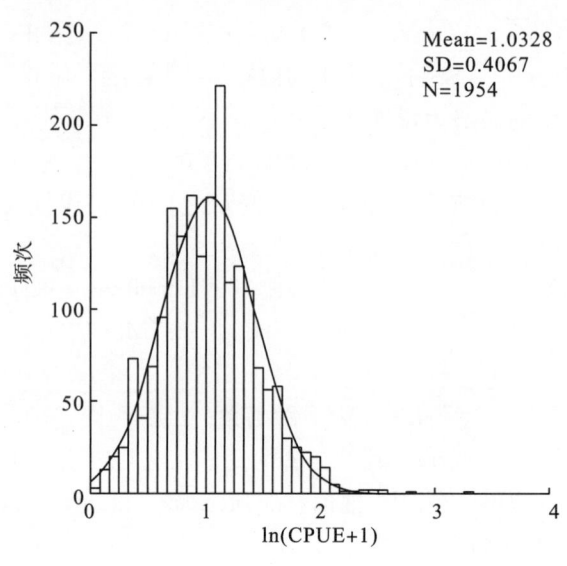

图 3-2 1995~2011 年西北太平洋柔鱼 ln(CPUE+1)的频次分布

3.2.2 时空和环境因子对 CPUE 的影响

GLM 模型显著性变量检验见表 3-1。Ⅲ 型离均差平方和和 F 检验结果表明，年、月、纬度、SST、MLD 以及 MLD 与 SST 的交互项均为显著性变量，且对 CPUE 的影响极显著($P<0.01$)。而经度、SSH 以及 MLD 与 SSH 的交互效应对 CPUE 的影响不显著($P>0.05$)，为不显著变量。因此将 GLM 模型中 6 个显著性解释变量构建 GAM 模型，包括 5 个解释变量和 1 个交互项。

表 3-1 西北太平洋柔鱼鱿钓渔业 CPUE 的 GLM 模型偏差分析

来源	自由度	离差平方和	均方差	Wald 秩平方和	F	P
年	16	61.825	3.864	634.095	39.063	0.000
月	4	3.773	0.943	38.694	9.536	0.000
经度	1	0.057	0.057	0.586	0.578	0.444
纬度	1	5.021	5.021	51.495	50.757	0.000
海表温度	1	2.331	2.331	23.909	23.566	0.000
海表面高度	1	0.136	0.136	1.391	1.371	0.238
混合层深度	1	1.484	1.484	15.220	15.002	0.000
混合层深度×海表温度	1	0.878	0.878	9.003	8.874	0.003
混合层深度×海面高度	1	0.100	0.100	1.023	1.009	0.312
残差	1926	190.516	0.099			

表 3-2　西北太平洋柔鱼鱿钓渔业 CPUE 的 GAM 模型分析结果

加入项	自由度	偏差	残差自由度	残差偏差	解释率	累计解释率	AIC
无效			1953	323.0684			
+年	16	63.123	1937	259.9454	19.539	19.5385869	1639.677
+月	4	55.6897	1933	204.2557	17.238	36.7763297	1176.569
+纬度	1	11.1065	1929	193.1492	3.4378	40.2141466	1069.322
+海表温度	1	4.8487	1925	188.3005	1.5008	41.7149743	1021.643
+混合层深度	1	1.3849	1921	186.9156	0.4287	42.1436451	1009.219
+温度×混合层	1	0.9276	1920	185.988	0.2871	42.430767	1001.498

将 GLM 模型筛选出的显著性解释变量和交互项逐一加入 GAM 模型中,结果表明所有的 5 个解释变量和 1 个交互项对 CPUE 的影响都是显著的($P<0.05$)。随着解释变量和交互项逐一加入模型,模型的 AIC 逐步下降,这说明包含所有 6 个变量的 GAM 模型为最佳模型(表 3-2)。最优 GAM 模型表达式为

$$\ln(\text{CPUE}+1) \sim \text{Year} + \text{Month} + s(\text{Latitude}) + s(\text{SST}) \\ + s(\text{MLD}) + s(\text{SST}, \text{MLD}) \tag{3-5}$$

最佳 GAM 模型对 CPUE 偏差总解释率为 42.43%,其中变量年的解释率最高为 19.54%;其次是变量月,解释了 17.24% 的总偏差;随后是纬度,对 CPUE 总偏差的解释率为 3.44%。环境变量解释率往后依次为 SST、MLD 和 SST 与 MLD 的交互效应,对应的解释率分别为 1.50%、0.43% 和 0.29%。

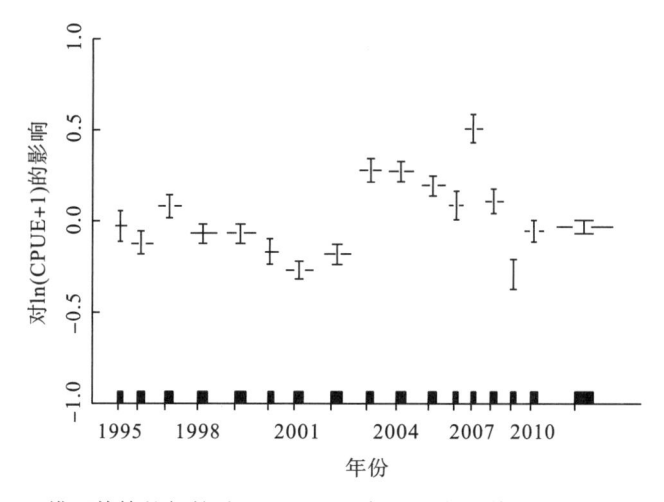

图 3-3　GAM 模型估算的年份对 1995~2011 年西北太平洋柔鱼 ln(CPUE+1) 的影响

在 6 个变量中,解释变量年对 CPUE 的影响最大,对 CPUE 偏差解释率贡献占 46.05%,这说明了 1995~2011 年 CPUE 年间波动很大。其估算的 CPUE

年效应结果显示，1995~2002 年 CPUE 波动较小，整体趋于缓慢降低趋势，其中 1996 年 CPUE 最高，2001 年为最低水平。2002 年后 CPUE 显著增长，明显高于前几年。2003 年后 CPUE 小幅递减到 2006 年水平，2007 年 CPUE 大幅增加且为 17 年来最高水平，随后 CPUE 锐减，2009 年 CPUE 为 17 年来最低水平，2010 年与 2011 年 CPUE 基本持平(图 3-3)。

在月份对 CPUE 影响方面，在主要捕捞季节初期(7 月份)，CPUE 比较低。随后 8 月份 CPUE 开始增长，9~11 月份 CPUE 持续降低，到 11 月时 CPUE 最低，但其标准差也最大(图 3-4)。

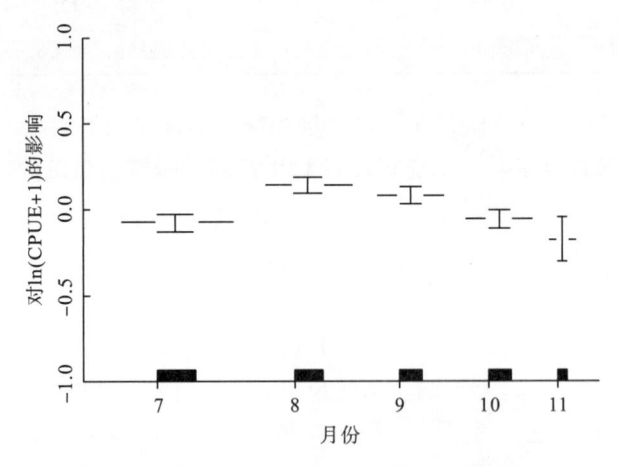

图 3-4　GAM 模型估算的月份对 1995~2011 年西北太平洋柔鱼 ln(CPUE+1)的影响

空间变量纬度对 CPUE 的影响在所有变量中排第三位，对 CPUE 偏差解释率贡献占 8.10%。由图 3-5 可以看出，CPUE 总体随纬度的增加而增加，主要集中在 40°~44°N 海域。但是可以区分为两个不同的增长阶段，从 36°~42°N 的海域，CPUE 增长较快，而 42°~46°N 海域 CPUE 增长相对缓慢。

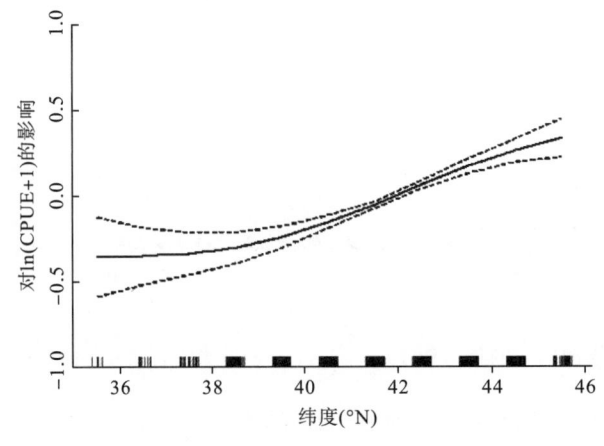

图 3-5　GAM 模型估算的纬度对 1995~2011 年西北太平洋柔鱼 ln(CPUE+1)的影响

在环境因素方面，SST 和 MLD 以及两者的交互效应对 CPUE 也产生了影响，三者对 CPUE 累计解释率为 2.22%。CPUE 与 SST 关系表明，SST 在 10~17℃时，随着 SST 升高，CPUE 呈上升趋势，17℃时 CPUE 出现一个小高峰；SST 在 17~25℃时，随着 SST 增加，CPUE 也上升，但增长速率相对于前一温度范围要高，CPUE 出现大幅度增加。总体而言，CPUE 主要集中在 14~20℃且随 SST 的增加而增加(图 3-6)。CPUE 与 MLD 的关系图表明，CPUE 随 MLD 的上升而上升。但当 MLD 大于 30m 时，置信区间长度迅速增加，这表明估算 MLD 对 CPUE 影响的精度迅速下降，当 MLD 处于 10~30m 时，置信区间长度非常小，此阶段 CPUE 与 MLD 关系为正相关(图 3-7)。

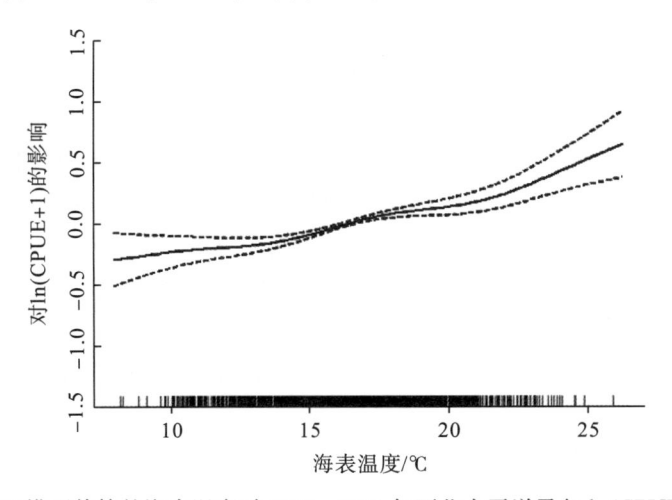

图 3-6　GAM 模型估算的海表温度对 1995~2011 年西北太平洋柔鱼 ln(CPUE+1)的影响

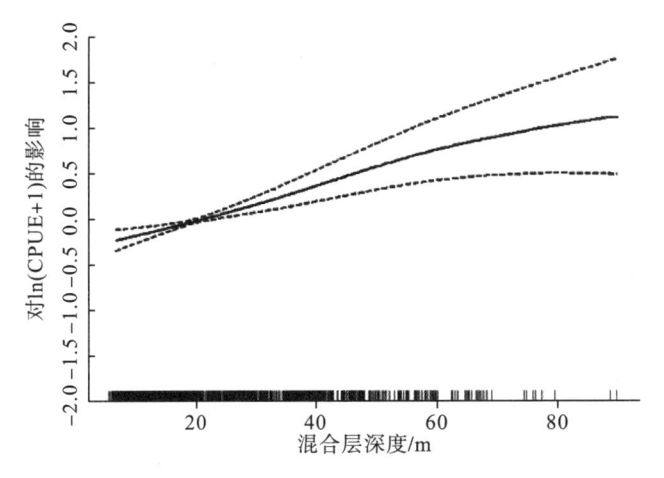

图 3-7　GAM 模型估算的混合层深度对 1995~2011 年西北太平洋柔鱼 ln(CPUE+1)的影响

3.2.3 柔鱼资源量年间变化分析

比较年均名义 CPUE 和 GAM 标准化后的 CPUE 发现，GAM 模型标准化后的 CPUE 明显低于名义 CPUE，但变化趋势一致(图 3-8)。1995～2000 年标准化后的 CPUE 变化趋势和名义 CPUE 波动较小且呈缓慢增加趋势，1996 年的 CPUE 较低。2001 年 CPUE 骤减，到 2002 年有所回升，2003 年达到一个高峰值。2003～2009 年 CPUE 总体呈大波动下降趋势，但在 2007 年有一个增高过程，且该年 CPUE 为 17 年中最高水平。2009 年 CPUE 处于极低水平，随后两年又小幅上升。名义 CPUE 中，1999～2000 年和 2003～2008 年资源丰度高于 1995～2011 年的平均水平，而从 GAM 分析结果看，只有 2003～2008 年的资源丰度高于所有年份的平均水平。除了 2000 年、2001 年和 2003 年 7～11 月份标准化后的月均 CPUE 比对应名义月均 CPUE 高以外，其余时间段内标准化后的 CPUE 都低于或者接近于相应的名义 CPUE，但 2009 年标准化后的 CPUE 大幅小于对应名义 CPUE。从 1995～2011 年各月 CPUE 来看，标准化后的月均 CPUE 比名义月均 CPUE 较低，但二者变化趋势基本相同，标准化后的 CPUE 波动略小于名义 CPUE(图 3-9)。可以看出，2000 年、2004 年和 2007 年 8 月份 CPUE 出现极高值，2001 年和 2009 年各月 CPUE 均处于低水平状态。

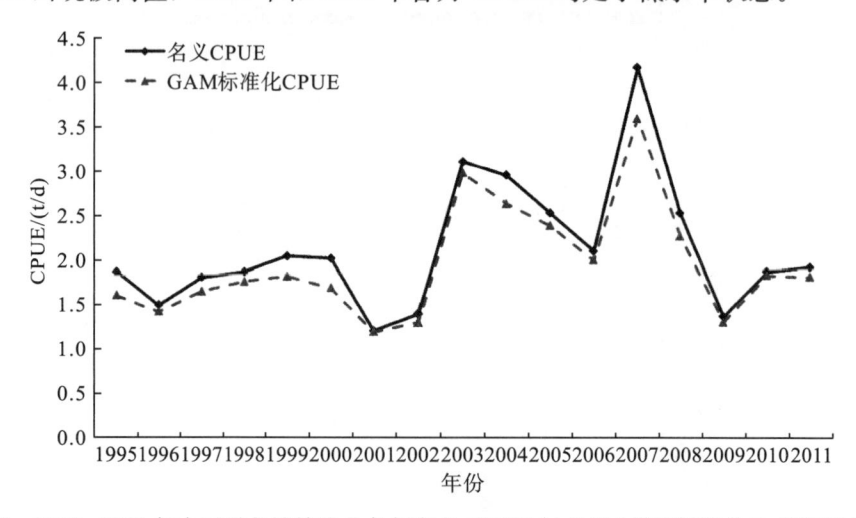

图 3-8 1995～2011 年中国柔鱼鱿钓渔业各年名义 CPUE 与 GAM 模型标准化后 CPUE 的关系

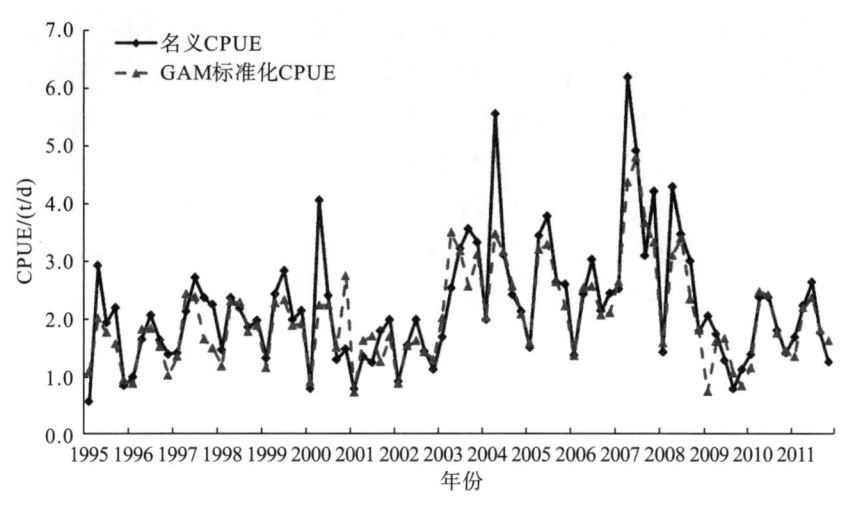

图 3-9　1995~2011 年中国柔鱼鱿钓渔业各月名义 CPUE 与 GAM 模型标准化后 CPUE 的关系

3.3　讨论与分析

西北太平洋柔鱼是短生命周期种类，其资源丰度与分布年间差异明显且与诸多因素有关，包括经纬度、季节变化、捕捞技术、海洋环境条件等[121]。本书利用 GLM 模型获得影响 CPUE 的主要因子及其贡献度，并且考虑了环境因子之间的交互效应。筛选 GLM 模型中显著性变量构建 GAM 模型，综合分析多个变量，考虑因子间复杂的非线性关系。GAM 模型研究结果表明，年、月、纬度、SST、MLD 以及 SST 与 MLD 的交互效应在影响西北太平洋柔鱼鱿钓渔业 CPUE 方面起到重要的作用。

生产统计表明，1995~2011 年 CPUE 出现年间和月间波动。1995~2002 年 CPUE 变化较小，总体小幅度下降，而 2003~2011 年 CPUE 波动大，整个期间 2001 年与 2009 年的 CPUE 最低（图 3-3）。GAM 模型的分析结果也表明年效应是影响 CPUE 的最主要因子（表 3-2）。柔鱼资源自身波动以及捕捞努力量和海洋环境条件变化是 CPUE 出现年间波动的主要原因。针对 2001 年和 2009 年产量出现锐减的现象，沈建华等（2003）综合分析了 2001 年的海况，认为黑潮出现蛇形变动，黑潮势力偏弱，亲潮势力强，北部的水温过低，最终导致太平洋西北海域柔鱼资源产量下降[136]。余为等（2013）分析了西北太平洋柔鱼资源的年间差异，认为水温是影响 2009 年资源丰度变动的最关键因子，叶绿素次之[147]。唐峰华等（2011）认为 2009 年 SST 比往年偏低，导致柔鱼资源补充量锐减，且叶绿素浓度分布波动大，黑潮变动等不利海况导致了产量降低[96]。因此，对于西北太平洋柔鱼资源的年际变动，海流变动引起的水温变化可能是导致 CPUE 波动的主要原因。

GAM 模型的标准化结果显示月效应对西北太平洋柔鱼 CPUE 影响也较大(表 3-2)。7 月和 11 月的 CPUE 较低,8~10 月的 CPUE 较高且 8 月份达到最大值,这与陈新军和田思泉的研究结果一致。月效应对 CPUE 的影响可由柔鱼生活史的洄游过程来解释：柔鱼冬春生群体从 1 月开始产卵,随后经历南北方向的季节性洄游。早期幼体生活在 35°N 以南的黑潮逆流区,以后向北洄游,8~10 月份性未成熟和性成熟的柔鱼主要分布在 40°~46°N 亲潮前锋区及其周边海域。10~11 月份后开始南下进行繁殖洄游。柔鱼 7 个月即可成熟,因此 8~10 月份正分布在我国柔鱼渔业的传统作业海域,此阶段冷暖水交汇,等温线密集,有利于柔鱼集群及渔场的形成,柔鱼的资源丰度较高,而 7 月份柔鱼尚未洄游至捕捞海域,11 月份柔鱼性成熟开始南下进行产卵洄游,CPUE 较低[48]。

在 GLM 模型中,空间变量经度对 CPUE 的影响不显著,这可能是由于 CPUE 与经度之间并非简单的线性关系,因此分析存在误差。而在 GAM 模型中,纬度对 CPUE 产生影响,相对时间变量影响较小,CPUE 随纬度的增加而增大,且在 40°~44°N 相对集中。这一海域主要是黑潮和亲潮两支海流交汇区域,水温水平梯度大,有利于形成渔场[122]。另外海流交汇往往容易形成涡漩,产生气旋性环流,冷水上扬形成高营养盐的渔场。

在 GAM 模型环境因素当中,SST 对西北太平洋柔鱼的 CPUE 影响最大,通常认为 SST 相对于其他要素更适于作为寻找柔鱼中心渔场的重要指标[115]。本书中 CPUE 随 SST 的增加而增大,适宜 SST 为 14~20℃。程家骅和黄洪亮(2003)利用西北太平洋柔鱼渔场的调查数据研究认为适宜渔场表温为 16~20℃[111]；沈新强等(2004)利用卫星遥感数据和柔鱼生产统计资料探讨了柔鱼渔场的水温分布特征,结果表明重心渔场表层为 14~21℃[101]；樊伟等(2004)的研究结果也表明柔鱼的适温大致为 10~22℃,最适温度为 15~17℃,以上结论与本书的研究结果基本一致[106]。

混合层深度的加深和变浅,使温度和盐度跃层发生变化,从而影响鱼群的栖息水层分布。关于柔鱼与混合层深度的研究甚少,陈新军等(2012)在研究柔鱼栖息地水温垂直结构的过程中发现,渔场在深度 50m 以内受混合层影响,因此 0~50m 水温梯度变化对 CPUE 影响较大[58]。本书认为 CPUE 主要集中在混合层 10~30m,30m 以下深度精度不准。而水温与混合层的交互效应对柔鱼 CPUE 也产生了影响,分析 1995~2011 年 7~11 月的平均 SST 和 MLD,发现海表温度高时,混合层深度变浅(图 3-10),统计分析得到两者相关系数为-0.5192,为负相关。说明了 SST 与 MLD 关系密切,两者之间相互作用共同影响了柔鱼的资源丰度。

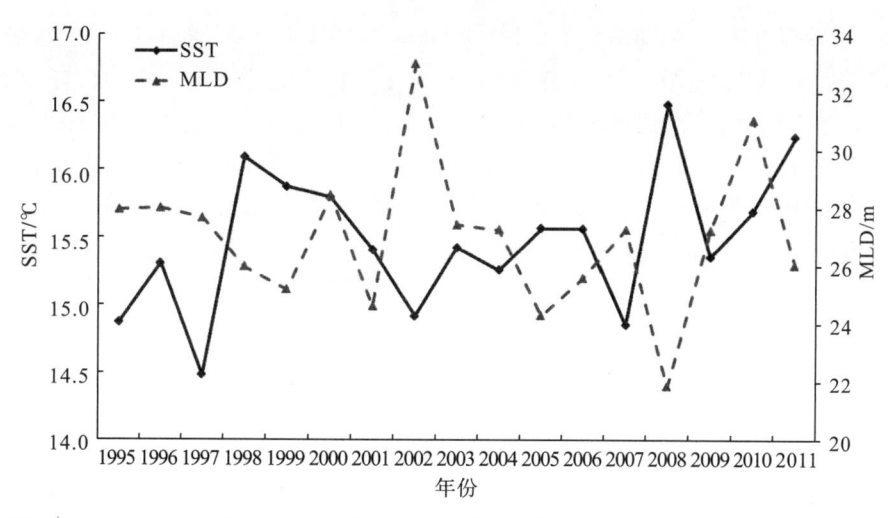

图 3-10　1995~2011 年 7~11 月份西北太平洋柔鱼传统作业渔场 SST 与 MLD 的关系

3.4 小　　结

柔鱼(*Ommastrephes bartramii*)是西北太平洋海域重要的经济头足类,资源量水平易受海洋环境变化影响。单位捕捞努力渔获量(CPUE)通常作为衡量鱼类资源量水平的指标之一,是进行渔业资源评估和进行管理决策的基础,因此对柔鱼资源量评估是一项重要研究课题。本书根据 1995~2011 年我国西北太平洋柔鱼鱿钓渔业统计数据,利用广义线性模型(GLM)和广义加性模型(GAM),结合时间(年、月)、空间(经度、纬度)和环境因子(海表面温度、海表面高度和混合层深度)对柔鱼 CPUE 进行标准化处理,对西北太平洋柔鱼的资源量水平进行评估,并评价了各因子对 CPUE 的影响。GLM 模型确定了年、月、纬度、海表温度、混合层深度以及海表温度与混合层深度的交互项为显著性变量,而经度、海表面高度以及海表面高度与混合层深度的交互效应对 CPUE 的影响不显著($P>0.05$),为不显著变量。利用 6 个显著性变量构建 GAM 模型,根据 AIC 准则,包含上述 6 个显著性变量的 GAM 模型为最优模型,对 CPUE 偏差的解释率为 42.43%。GAM 模型结果表明:影响柔鱼 CPUE 因子的顺序依次为年、月、纬度、温度、混合层深度、温度与混合层深度的交互效应,其中变量年的解释率最高为 19.54%;其次是变量月,解释了 17.24% 的总偏差;随后是纬度,对 CPUE 总偏差的解释率为 3.44%。环境变量解释率往后依次为 SST、MLD 和 SST 与 MLD 的交互效应,对应的解释率分别为 1.50%、0.43% 和 0.29%。高 CPUE 主要分布的纬度为 40°~44°N,海表温为 14~20℃,混合层深度为 10~30m。1995~2002 年 CPUE 波动较小,整体趋于缓慢降低趋势,其中 1996 年 CPUE 最高,2001 年为最低水平。2002 年后 CPUE 显著增长,明显高于前几年。

2003 年后 CPUE 小幅递减到 2006 年，2007 年 CPUE 大幅增加且为 17 年最高水平，随后 CPUE 锐减，2009 年 CPUE 为 17 年最低水平，2010 年与 2011 年 CPUE 基本持平。在捕捞季节初期(7 月)CPUE 比较低。随后 8 月份 CPUE 开始增长，9~11 月份 CPUE 持续降低，到 11 月时 CPUE 最低，但其标准差也最大。柔鱼南北洄游的生活史特征以及水温等海洋环境条件变化可能是导致柔鱼资源量水平发生年和月间波动的重要原因。

第 4 章 柔鱼资源应对太平洋年代际涛动的响应机制

柔鱼作为短生命周期的生态机会主义鱼类，其资源丰度和分布年间波动明显。在受局部海域生物物理环境条件影响的同时，柔鱼资源丰度也与中尺度的气候变化相关[10]。前人做了一些局部海域的环境变量如 SST、SSH、SSS 和 Chl-a 对柔鱼种群动态影响的研究[9]，但是很少有研究涉及分析柔鱼种群时空变化与多尺度气候变化的关系。关于气候变化，北太平洋除了 ENSO 现象以外，PDO 是一种从年际变化到年代际时间尺度的低频振荡，主要表现为北太平洋 SST 异常在 PDO 冷暖时期的变化：在 PDO 暖期内，北太平洋西北部和中部海域异常冷，东太平洋和北美沿岸异常暖；而 PDO 冷期 SST 空间分布模态与暖期正好相反[61]。ENSO 循环在 PDO 不同时期内也表现出不同的特征：PDO 暖期时厄尔尼诺事件发生频率较高，强度较强；而 PDO 冷期时，拉尼娜事件发生频率较高，强度较强[64]。PDO 对海洋渔业有重要影响，如 Mantua 等发现北太平洋鲑鱼产量的年代际变化与 PDO 相关[60]。Litz 等分析认为加利福尼亚海流北部茎柔鱼的季节性扩张受 PDO 影响[148]。前人研究简单涉及一些关于中尺度环境变化（如 ENSO）和柔鱼资源动态的关系。然而目前关于冬春生柔鱼在不同 PDO 时期和不同 ENSO 事件条件下其资源丰度和分布年间变化的研究尚未涉及。

4.1 柔鱼资源丰度应对 PDO 的响应

柔鱼的整个生活阶段，从自由浮动的鱼卵，到被动漂浮的仔鱼，再到主动游泳的幼鱼、亚成年和成年个体，均受到气候环境的强烈影响[9]。对此可以提出一些疑问，PDO 冷暖期内黑潮如何影响柔鱼资源量，其物理机制是什么？PDO 现象会引起柔鱼渔场环境发生哪些变动，对柔鱼丰度如何影响？这些问题到目前为止还未解决。本章将 1995~2011 年中国鱿钓船柔鱼 CPUE 与环境关联，尝试对柔鱼资源动态变化进行机制解释。本章研究目的是理解柔鱼 CPUE 年间变化规律；估算 CPUE 与 PDO/ENSO 以及环境变量包括 SST、Chl-a 和 MLD 的关系；检验黑潮在不同 PDO 时期下对柔鱼 CPUE 的影响。以 PDO 指数为自变量，构建柔鱼 CPUE 的线性回归模型并预测其资源丰度。

4.1.1 材料和方法

4.1.1.1 渔业生产数据

渔业生产数据来自上海海洋大学鱿钓技术组，时间为1995~2011年7~11月份。海域为35°~50°N、150°~175°E，即为西北太平洋传统作业渔场，统计内容包括捕捞日期(年和月)、捕捞位置(经度和纬度)、日产量(单位：t)和捕捞努力量(天数)。空间分辨率为1°×1°。中国鱿钓船在这一海域的产量占北太平洋柔鱼总产量的80%以上，其中95%以上为柔鱼冬春生西部群体，无副渔获物[82]。中国鱿钓渔船几乎装备相同功率的发动机，渔船大小相同，捕捞作业方式一致，全为夜间作业，且中国鱿钓船装备和作业方式均衡，因此定义渔船每年单位努力量渔获量(CPUE)表征西北太平洋柔鱼各年的资源丰度[82,121]。

4.1.1.2 环境数据和气候指数

本章研究中环境变量选取SST、Chl-a、MLD和海流。环境数据覆盖产卵场海域(20°~30°N、130°~170°E)，时间为1995~2011年1~5月份；和渔场海域(35°~50°N、150°~175°E)，时间为1995~2011年7~11月份。SST数据来源于夏威夷大学网站，空间分辨率为1°×1°(http://apdrc.soest.hawaii.edu/data/data)。Chl-a数据来源于美国NOAA OceanWatch数据库(http://oceanwatch.pifsc.noaa.gov/las/servlets/dataset)，数据转化为1°×1°。MLD通过Argo温盐数据计算获取，数据来自美国NOAA Argo数据库(www.nodc.noaa.gov/argo/index.htm)。计算MLD的温度标准为0.2℃。海流数据来源于Global-FVCOM模型1978~2013年的模拟结果[149]。Global-FVCOM由非限制性网格海洋模型开发，空间分辨率最高达2km[150]。

PDO指数定义为北太平洋20°N以北海域SST经验正交分析第一主分量[59]。本章研究中1995~2011年各月PDO指数来源美国海洋与大气研究所(http://jisao.washington.edu/pdo/PDO.latest)。厄尔尼诺/拉尼娜事件是基于Niño 3.4区SSTA来定义(NI指数)。依据NOAA对厄尔尼诺/拉尼娜事件定义：Niño 3.4区SSTA连续5个月滑动平均值超过+0.5℃，则认为发生一次厄尔尼诺事件；若连续5个月低于-0.5℃，则认为发生一次拉尼娜事件[53]。1995~2011年Niño 3.4区SSTA数据来自美国NOAA气候预报中心(http://www.cpc.ncep.noaa.gov/products/analysis_monitoring/ensostuff/ensoyears.shtml)。

4.1.1.3 统计和动力学分析

利用交叉相关函数分析1995~2011年CPUE与PDO指数以及NI指数的关

系。同时利用该方法定量分析 CPUE 与 SST、Chl-a 和 MLD 的关系。为检验相关性的时空变化,将渔场 7~11 月环境变量以及产卵场 1~5 月份环境变量与 CPUE 分别进行分析。定义 PDO 指数为海洋气候变量,依据线性回归分析构建一个 CPUE 的预测模型,该模型不仅能预测 CPUE,同时还能检验 PDO 对柔鱼 CPUE 产生正负哪种影响。其中,本章简单介绍交相关分析法(cross correlation analysis):对环境变量或气候指数的时间序列进行两两比较(如 SST 与 PDO),分析结果表明一个时间序列相对于另一个时间序列相关性大小,同时表明了相关时间提前或者延迟以及指明变化趋势相同或者相反。交相关函数图片纵轴代表的是相关性的高低,数值越大表示相关性越高(数值正负相同),即正值表示正相关(延迟),负值表示负相关(提前);横轴代表的是延迟的时间(单位为年)。交相关的具体方法请参考 George 等(2005)[151]。

此外,本章选择了 1998 年、1999 年、2002 年和 2009 年作为代表年份分析柔鱼丰度和分布与渔场 SSTA,黑潮和亲潮以及黑潮延伸区涡流的关系。其中 1998 年和 2002 年在 PDO 暖期内,1999 年和 2009 年在 PDO 冷期内。尽管 1998 年和 2002 年在相同的 PDO 时期,但 1998 年是拉尼娜年,2002 年是厄尔尼诺年。同样地,1999 年是拉尼娜年,2009 年是厄尔尼诺年。分析描述了这四个年份内渔场的 SSTA 分布特征,调查各年物理环境即海流变化对温度场的影响。追踪四年中黑潮和亲潮边界锋区位置,验证黑潮和亲潮势力强弱变化对柔鱼丰度和分布的物理作用。

4.1.2 结果

4.1.2.1 不同 PDO 冷暖期对应太平洋的温度异常变化

1995~2011 年经历了两个 PDO 循环周期:1995~1998 年和 2002~2006 年为 PDO 暖期(正位相);而 1999~2001 年和 2007~2011 年为 PDO 冷期(负位相)(图 4-1)。1995~1998 年 PDO 暖期,日本海、日本东部近岸海域以及北太平洋西北和中部海域 25°~43°N 被冷水团占据,其 SSTA 为 −0.8~(−0.4)℃。2002~2006 年第二阶段 PDO 暖期内冷水团局限在 35°~45°N,从靠近日本东部沿岸延伸至太平洋中部海域,形成一条狭长的纬度带。在两个 PDO 暖期内,太平洋东部和北美沿岸海域均为异常的暖水,SSTA 为 0.4~0.8℃。当 PDO 转换为冷期时,可以发现北太平洋 SSTA 分布模式与暖期时显著相反。其中 1999~2001 年,一股暖水团占据了北太平洋西部 40°N 以南海域,在日本东部近岸海域以及 20°~35°N、175°E~155°W 尤为明显,其 SSTA 为 0.2~0.8℃,而东太平洋以及北美沿岸海域 SSTA 异常变低,一般低于 −0.6℃。2007~2011 年除北美沿岸和北太平洋东部海域,在北太平洋 20°~47°N 基本被暖水团占据，SSTA 一般高于 0.2℃(图 4-2)。

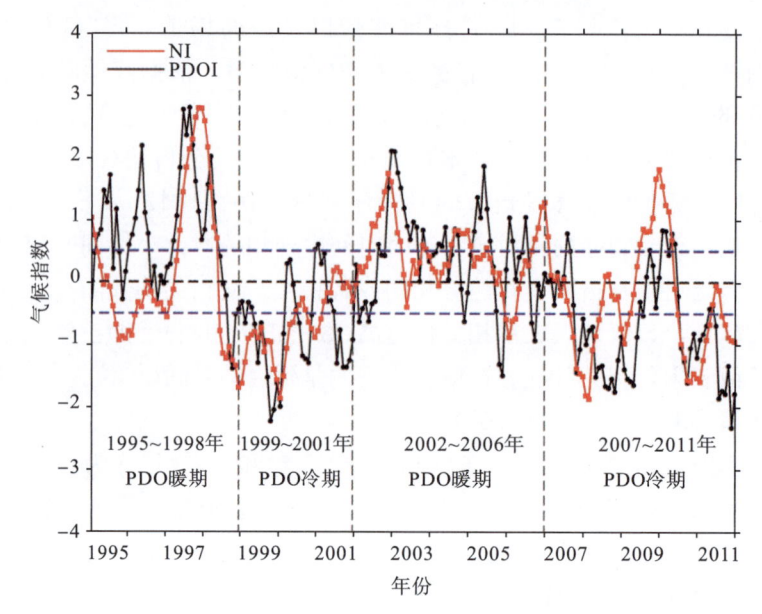

图 4-1　1995~2011 年各月 PDO 指数和 NI 指数时间序列图

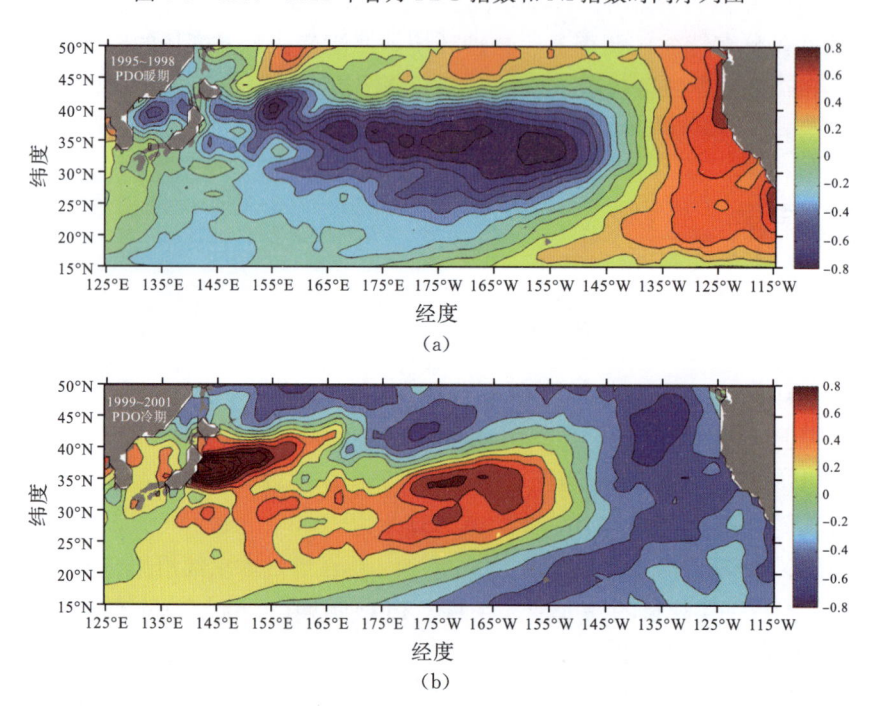

(a)

(b)

(c)

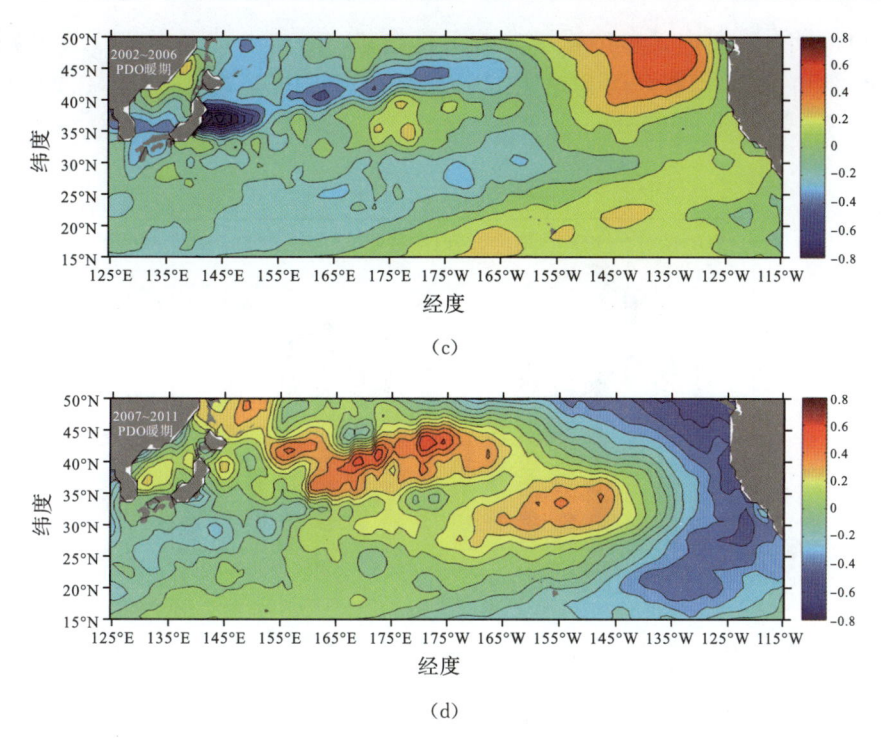

(d)

图 4-2　1995～1998 年和 2002～2006 年 PDO 暖期以及 1999～2001 年和 2007～2011 年 PDO 冷期时北太平洋海表温度距平空间分布

基于对厄尔尼诺和拉尼娜事件的定义，在 1995～2011 年两个 PDO 周期内共发生厄尔尼诺事件 5 次，分别是 1997 年 5 月～1998 年 5 月、2002 年 6 月～2003 年 3 月、2004 年 7 月～2005 年 1 月、2006 年 8 月～2007 年 1 月和 2009 年 6～2010 年 4 月；发生拉尼娜事件 8 次，分别是 1995 年 9 月～1996 年 3 月、1998 年 6 月～2000 年 5 月、2000 年 10 月～2001 年 2 月、2005 年 12 月～2006 年 3 月、2007 年 8 月～2008 年 5 月、2008 年 12 月～2009 年 2 月、2010 年 6 月～2011 年 4 月和 2011 年 8 月～2011 年 12 月(图 4-1)。将厄尔尼诺和拉尼娜事件按发生在不同 PDO 冷暖期进行分类，发现 PDO 暖期内共发生 4 次厄尔尼诺和 3 次拉尼娜事件，PDO 冷期内共发生 2 次厄尔尼诺和 6 次拉尼娜事件。

4.1.2.2　PDO 与 CPUE 年间变化的关系

1995～2011 年西北太平洋柔鱼产量和 CPUE 年间波动显著(图 4-3)。数据表明这 17 年的平均产量为 9.2×10^4 t，1999 年产量最高为 13.2×10^4 t，2009 年产量最低为 3.7×10^4 t，对应的 CPUE 分别为 331.4t/船和 134.7t/船，CPUE 年间变化与产量变化基本对应一致。柔鱼产量和 CPUE 经历两个波动周期：其中 1995～1998 年和 2002～2006 年为 PDO 暖期，暖期内柔鱼产量呈上升趋势，对应柔鱼平均 CPUE 分别为 301.7t/船和 380.9 t/船；而 1999～2001 年和 2007～2011

为 PDO 冷期，冷期内柔鱼产量呈显著下降趋势，对应柔鱼平均 CPUE 分别为 266.5t/船和 296.9t/船，可以看出 PDO 暖期内 CPUE 明显高于 PDO 冷期 CPUE。

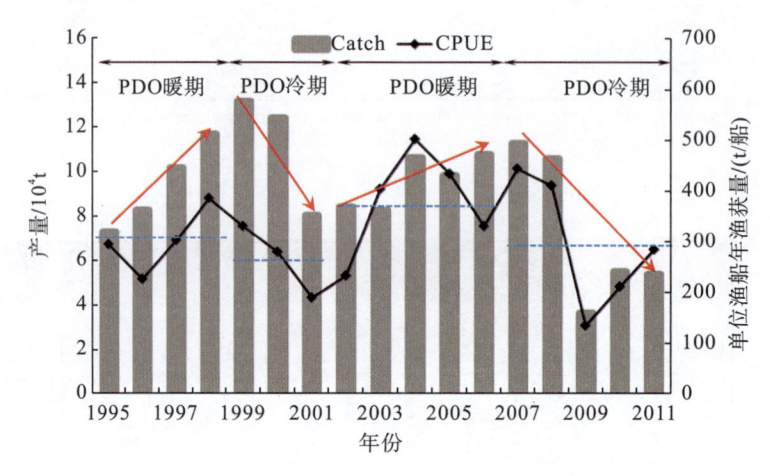

图 4-3　1995~2011 年不同 PDO 时期西北太平洋中国鱿钓渔业各年总产量和 CPUE
注：蓝线和红线分别代表不同 PDO 冷暖期内 CPUE 的平均值和产量变化趋势

CPUE 年间变化与 PDOI 和 NI 相关（图 4-4）。CPUE 与 PDOI 显著正相关（$P<0.05$），滞后时间为一年时两者相关性最大，对应的相关系数为 0.60[图 4-4(b)]，这说明 PDO 对柔鱼资源丰度的影响滞后一年。例如，1997 年 PDOI 为正时，1998 年 CPUE 随即上升；当 2008 年 PDOI 变为负值时，2009 年 CPUE 则随之显著下降[图 4-4(a)]。CPUE 与 NI 交相关结果同样显著相关（$P<0.05$），滞后时间为 1~2 年，且在滞后 2 年时相关系数最大为 0.52[图 4-4(c)]。此外统计结果发现，PDOI 与 NI 两者相关性显著，滞后时间为 0 年时相关系数最高为 0.73[图 4-4(d)]，这表明两者变化几乎一致。但 PDOI 和 NI 的峰值并未同时发生，1997~1999 年 PDOI 和 NI 变化趋势一致，之后年份 NI 超前 PDOI 一年变化。例如 2002 年 NI 为正的峰值，而 2003 年 PDOI 才出现峰值；同样，2009 年发生厄尔尼诺事件，NI 出现极大峰值，PDOI 从 2010 年开始出现峰值，但仍然为负数[图 4-4(a)]。以上结果表明尽管 PDOI 与 NI 在某些年份变化相似匹配，但 PDOI 与 CPUE 的相关性相对 NI 可能更为强烈。CPUE 滞后 PDOI 一年的关系可以为柔鱼资源评估提供有用的指标。

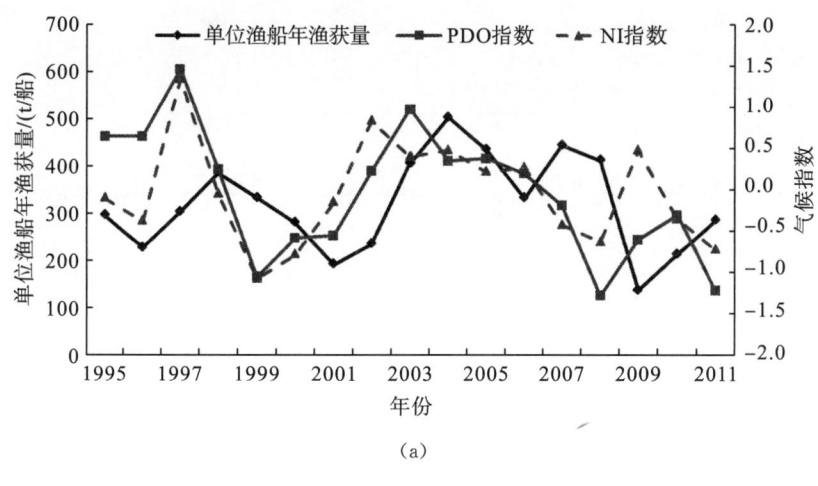

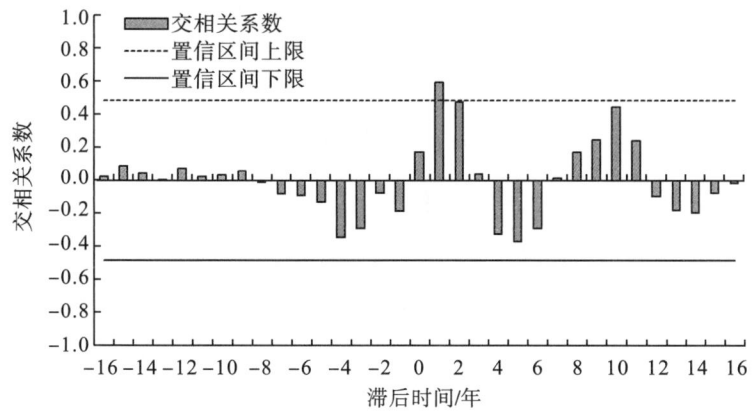

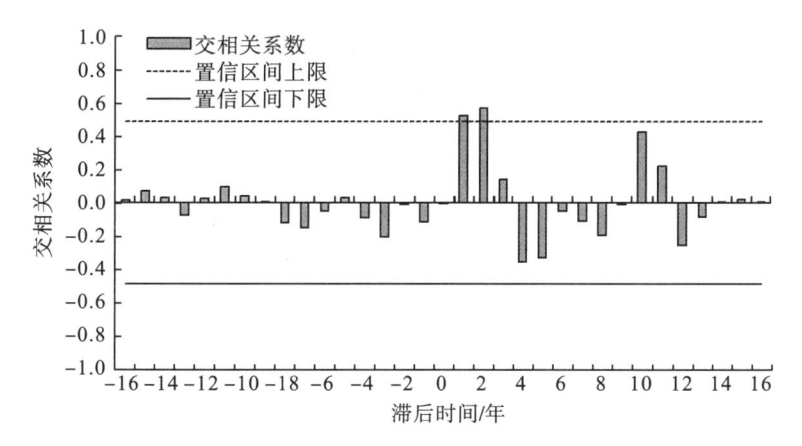

第4章 柔鱼资源应对太平洋年代际涛动的响应机制 ·55·

(d)

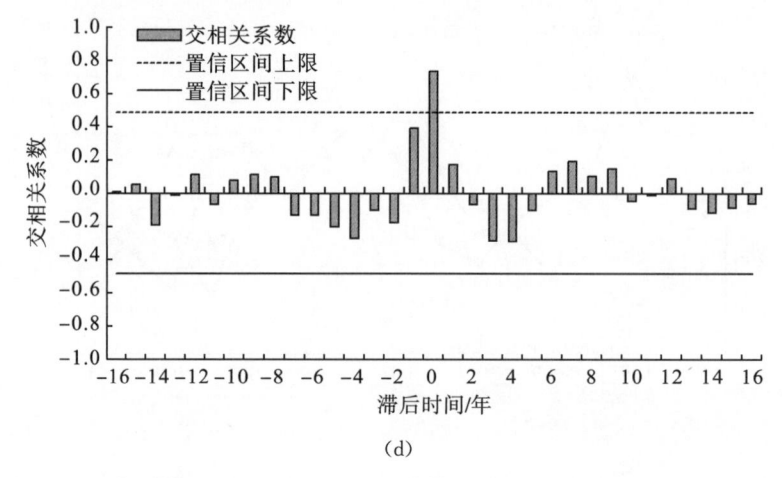

图 4-4 (a)年平均 CPUE、PDOI 和 NI 指数；(b)PDOI 和 CPUE 交相关系数；
(c)NI 和 CPUE 交相关系数；(d)PDOI 和 NI 交相关系数
注：黑虚线和黑实线分别代表 95% 置信区间上限和置信区间下限

4.1.2.3 渔场和育肥场的环境因子与 CPUE 及 PDO 的统计分析

1995～2011 年 7～11 月渔场 SSTA(简称 FGSSTA)为 −1.0～1.0℃，2008 年 SSTA 最高，1997 年渔场 SSTA 最低[图 4-5(a)]。CPUE 与 FGSSTA 交相关系数低于 95% 置信水平，两者相关性在统计上不显著[图 4-6(a)]。尽管相关性较低，但发现在某些年份 CPUE 与 FGSSTA 变化趋势保持一致。例如，1998～2001 年 CPUE 随 FGSSTA 的下降而减少，2009～2011 年 CPUE 随 FGSSTA 的增加而上升。此外，统计结果表明 FGSSTA 与 PDOI 显著负相关[图 4-6(b)]，高/低的 SSTA 对应低/高的 PDOI[图 4-5(b)]。

1995～2011 年产卵月份 1～5 月，产卵场 SSTA(简称 SGSSTA)为 −0.6～0.9℃，1995～1999 年 SGSSTA 逐渐上升，之后年份开始逐步下降，其中 1999 年产卵场 SSTA 最高，而 1996 年为最低[图 4-5(c)]。交相关分析结果得出 SGSSTA 与 CPUE 成正相关，滞后时间为 5～6 年时相关性最高[图 4-6(c)]。尽管 SGSSTA 与 PDOI 对应关系不明显[图 4-5(d)]，但交相关分析结果显示 SGSSTA 与 PDOI 在滞后 −4 年为最大正相关，在滞后 −1 年时为最大负相关[图 4-6(d)]。

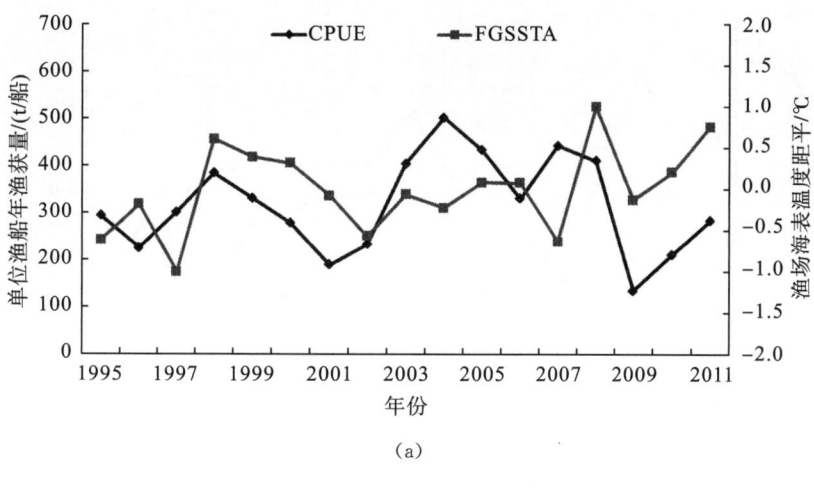

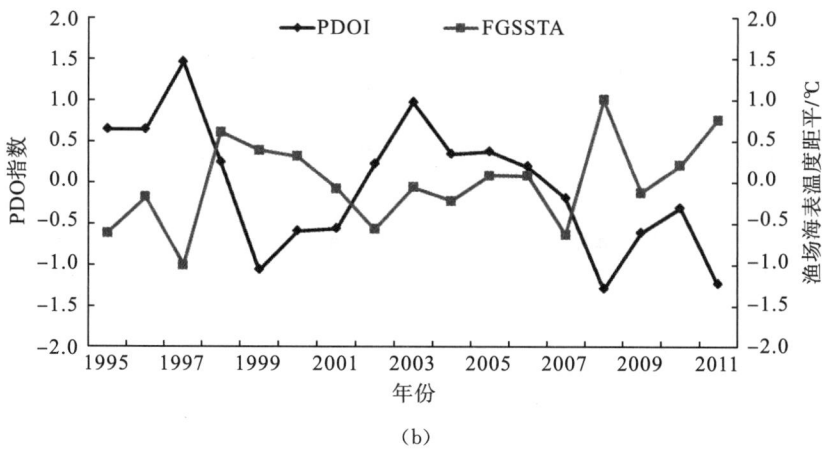

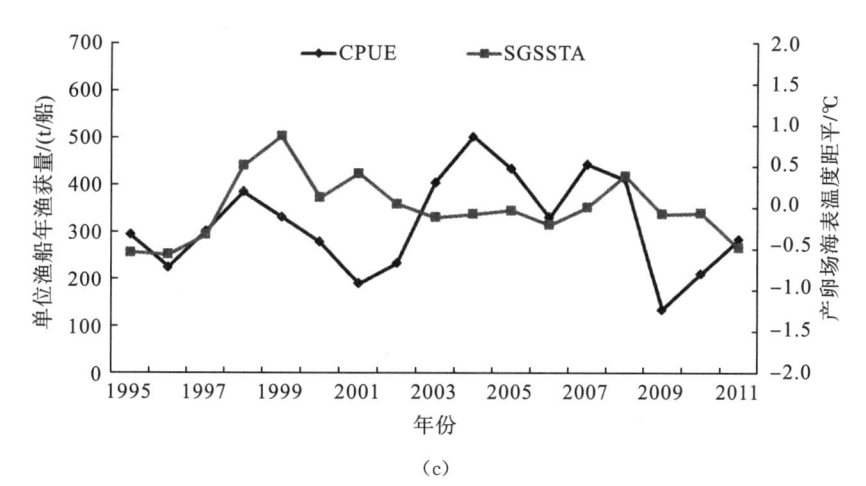

第4章 柔鱼资源应对太平洋年代际涛动的响应机制 · 57 ·

(a)

(b)

(c)

(d)

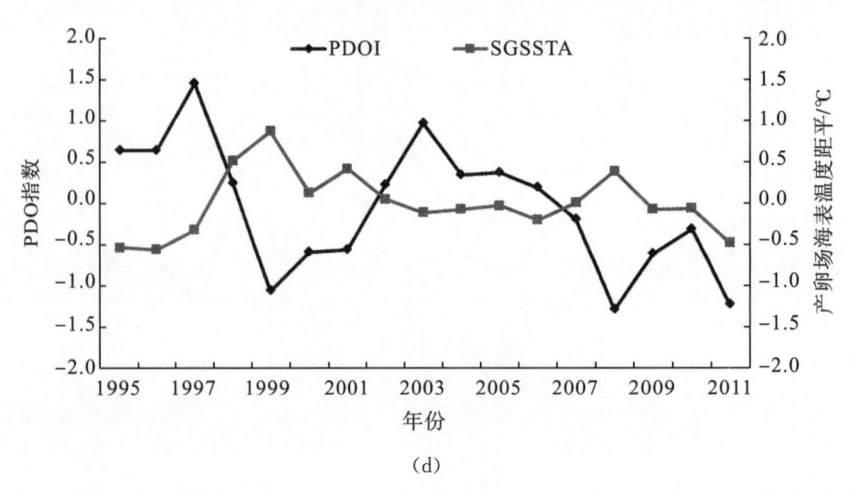

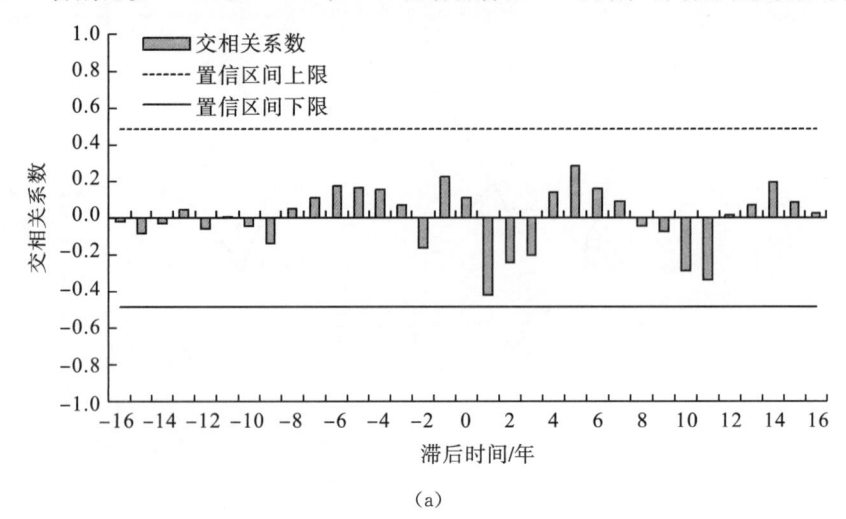

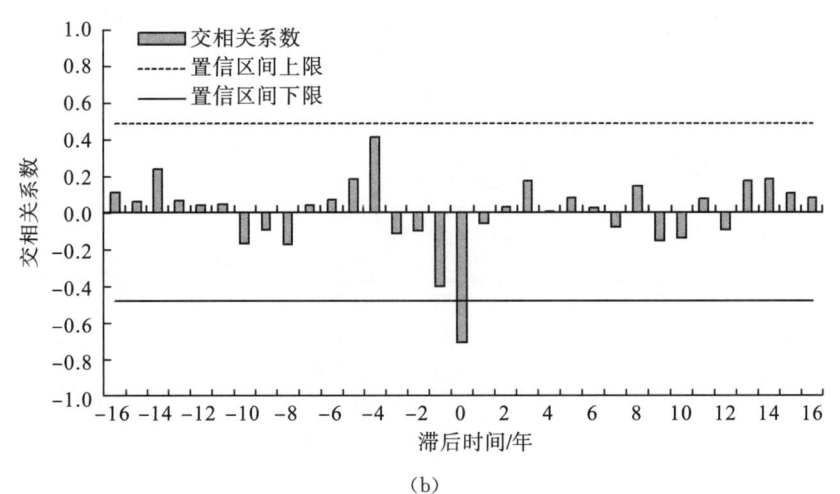

图 4-5 分别比较 CPUE 和 PDOI 与 7~11 月份渔场和 1~5 月份产卵场海表温度异常变化

(a)

(b)

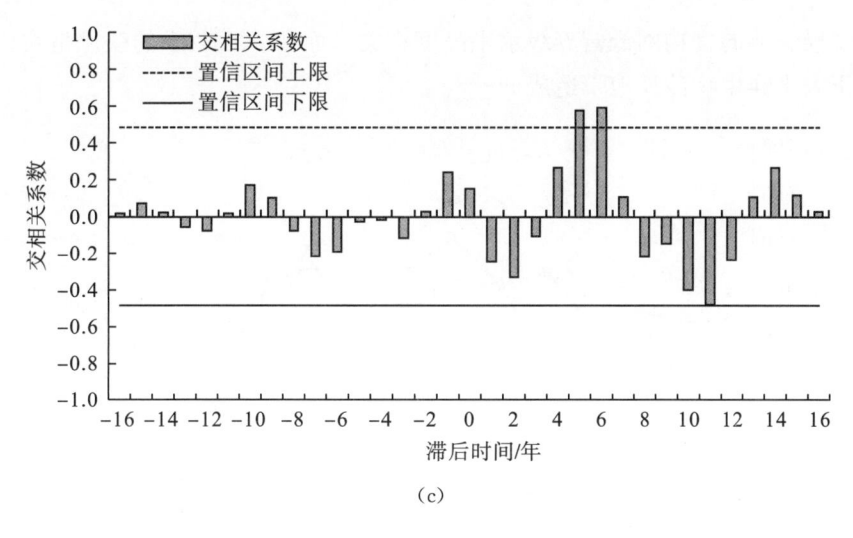

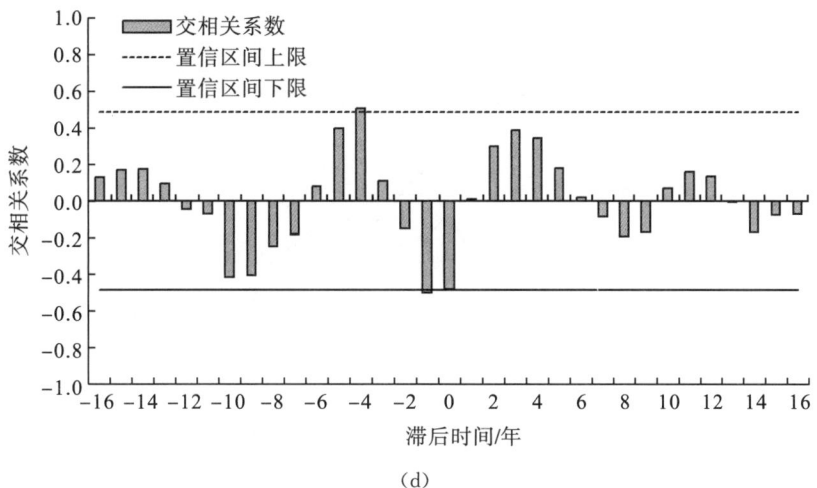

第4章 柔鱼资源应对太平洋年代际涛动的响应机制 · 59 ·

(c)

(d)

图 4-6 CPUE 和 PDOI 与 7~11 月份渔场和 1~5 月份产卵场海表温度异常交相关系数

1995~2011 年 7~11 月渔场 Chl-a 浓度异常值（FGCA）在 2009 年最低，为 -0.056mg/m^3；2007 年最高为 0.048mg/m^3。1998~2007 年 FGCA 缓慢上升，但 2008 年之后急剧下降[图 4-7(a)]。1995~2011 年年平均 CPUE 与 FGCA 变化趋势基本一致，交相关分析结果表明 CPUE 滞后 FGCA 一年时相关性最大，其相关系数为 0.6[图 4-8(a)]。

尽管产卵场 1~5 月份 Chl-a 浓度异常值（简称 SGCA）年间变化较小[图 4-7(c)]，但其变化与 CPUE 相关性同样很高，CPUE 在滞后 SGCA 一年时相关系数最高，为 0.6[图 4-8(c)]。此外，研究发现 FGCA 和 SGCA 与 PDOI 同步变化[图 4-7(b)和 4-7(d)]，均呈显著正相关，滞后时间都为 0 年[图 4-8(b)和 4-8(d)]。产卵场和渔场的 Chl-a 浓度与 PDO 同步变化说明了柔鱼 CPUE 年间变化与气候影响的食物网低营养级水平高度有关。而 SGCA 较小的变化是柔鱼产卵场位于太平洋生物沙漠地带造成的[152]。

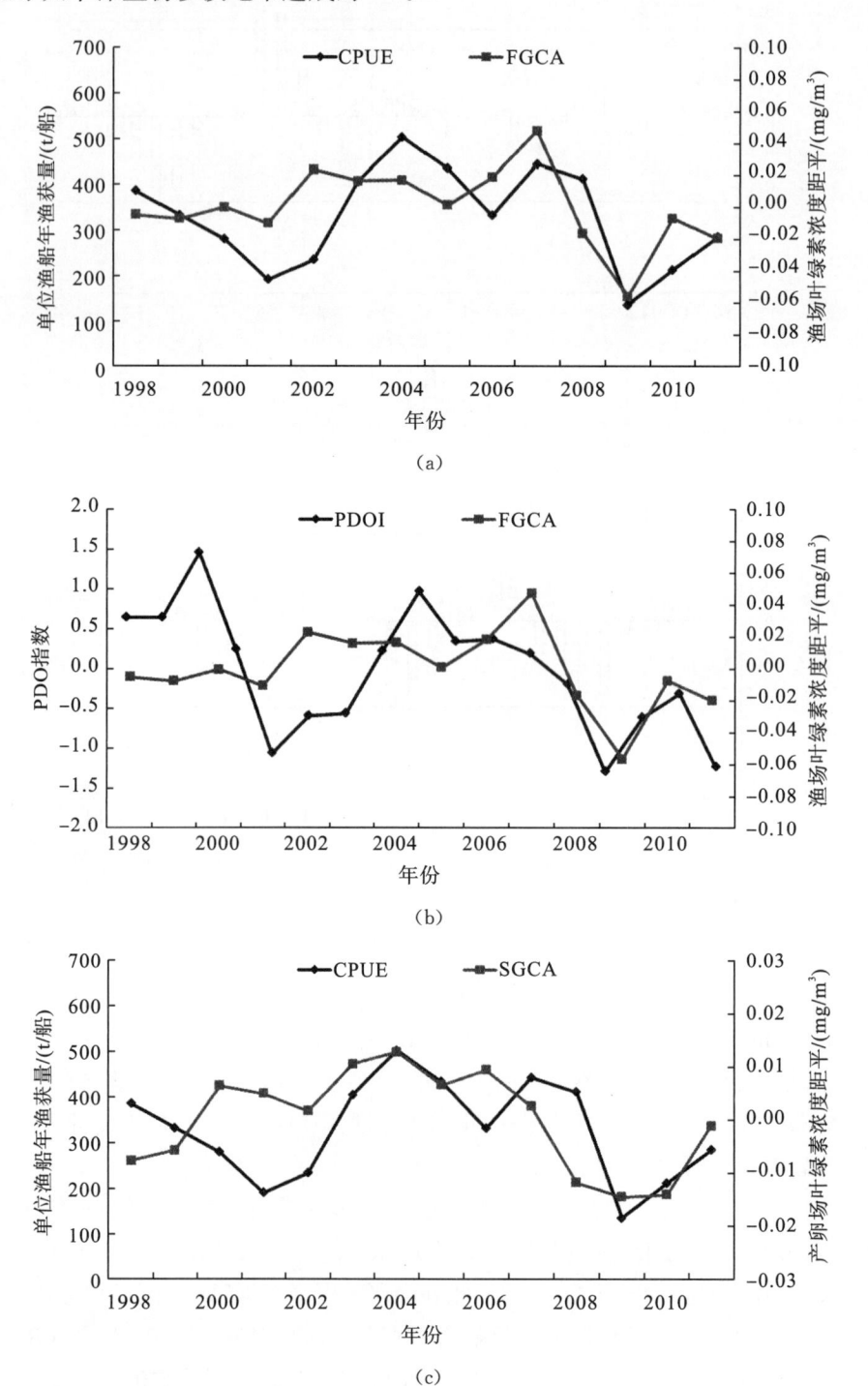

(a)

(b)

(c)

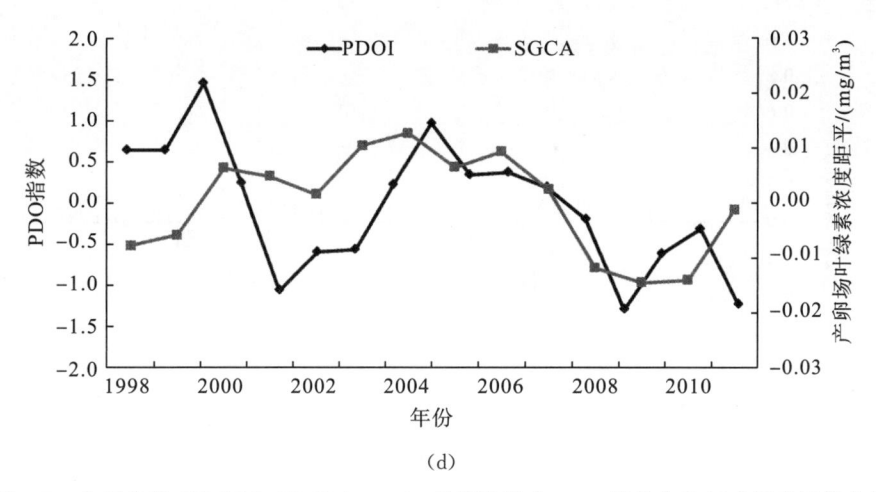

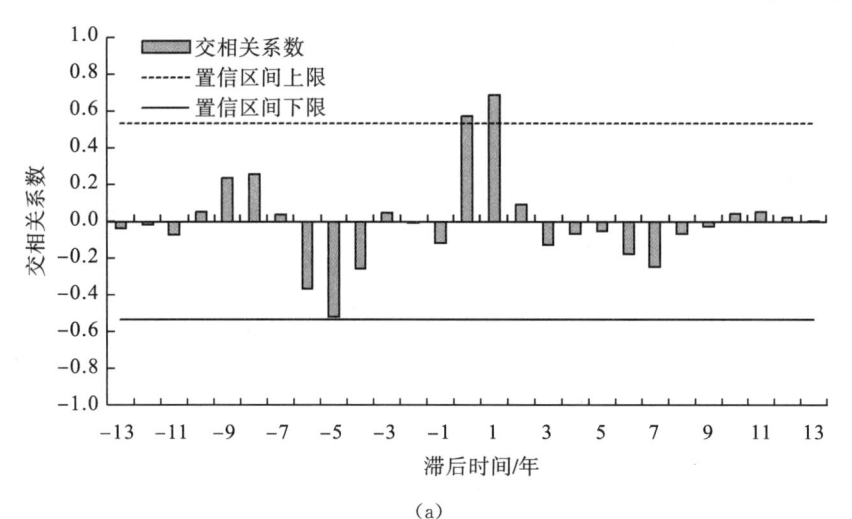

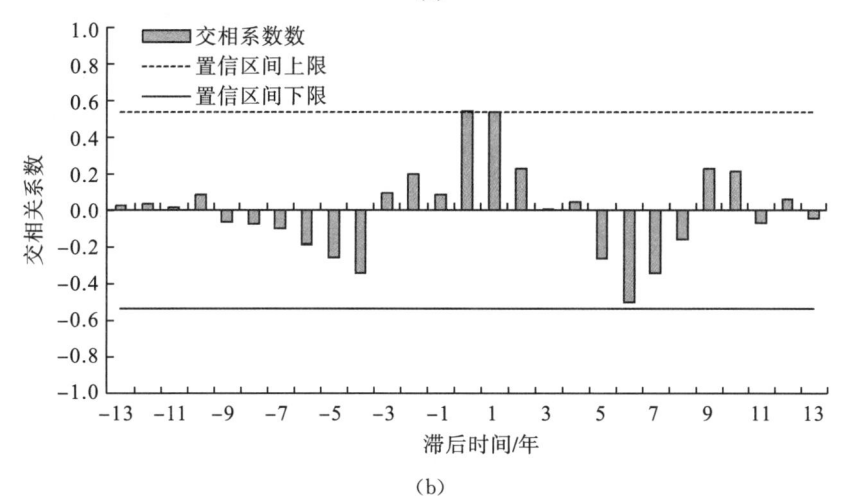

第 4 章 柔鱼资源应对太平洋年代际涛动的响应机制

(d)

图 4-7 分别比较 CPUE 和 PDOI 与 7~11 月份渔场和 1~5 月份产卵场叶绿素异常变化

(a)

(b)

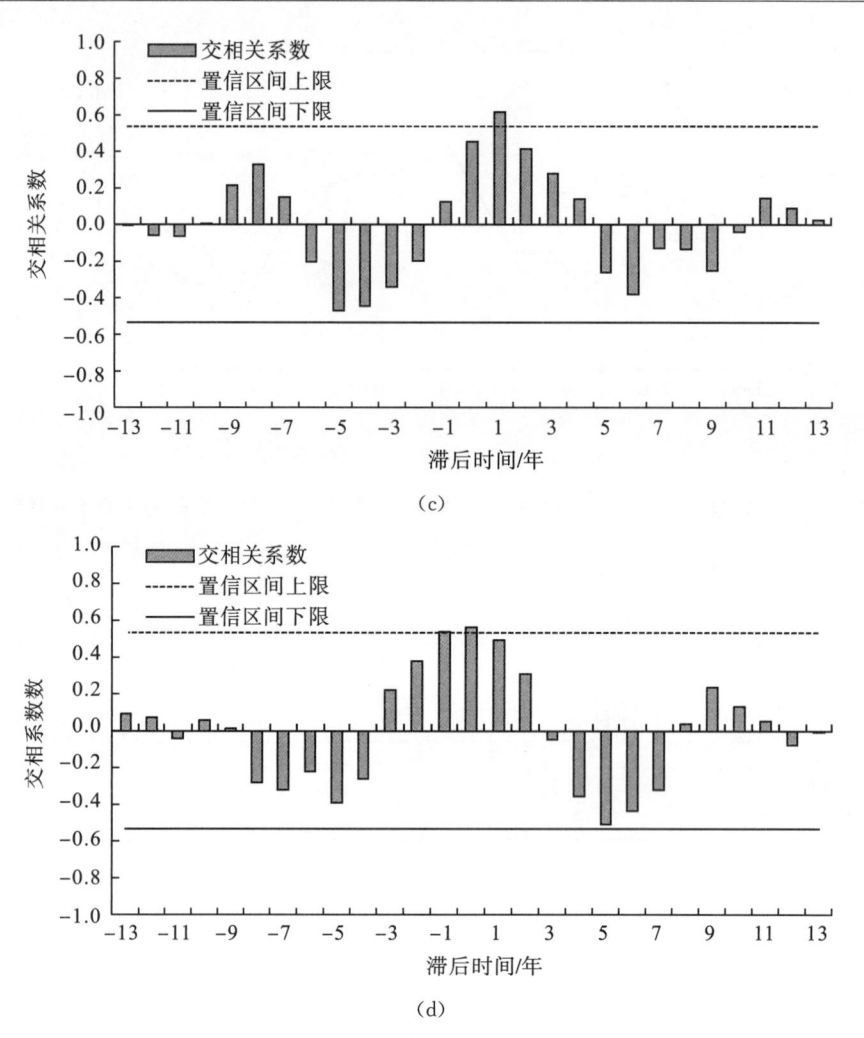

图 4-8　CPUE 和 PDOI 与 7~11 月份渔场和 1~5 月份产卵场叶绿素异常交相关系数

根据斯维尔德鲁普理论，海洋中近表层的浮游植物浓度由透光层占据混合层深度的比例来决定[153]。由于副热带环流系统中透光层每年基本保持不变，因此产卵场和渔场的 MLD 对浮游植物浓度的影响至关重要。由于柔鱼 CPUE 年间变化和 FGCA 高度相关，因此直接分析渔场中年平均 MLD 异常（简称 MLDA）与 CPUE 的关系。1995~2011 年 MLDA 为 -6.0~6.0m，2002 年最高，2008 年最低[图 4-9(a)]。MLDA 与 CPUE 交相关关系为 CPUE 提前 MLDA 一年时间达到最大负相关，对应相关系数为 -0.7[图 4-10(a)]。这表明较浅的 MLD 能够提供有利环境条件增加浮游植物浓度。考虑到 1995~2011 年渔场平均 MLD 为 60m，MLDA 只占 MLD10% 左右。1995~2011 年 MLDA 变化趋势[图 4-9(b)]与 PDOI 变化基本相似，然而它们的相关性未通过 95% 置信水平[图 4-10(b)]。

第 4 章 柔鱼资源应对太平洋年代际涛动的响应机制 · 63 ·

(a)

(b)

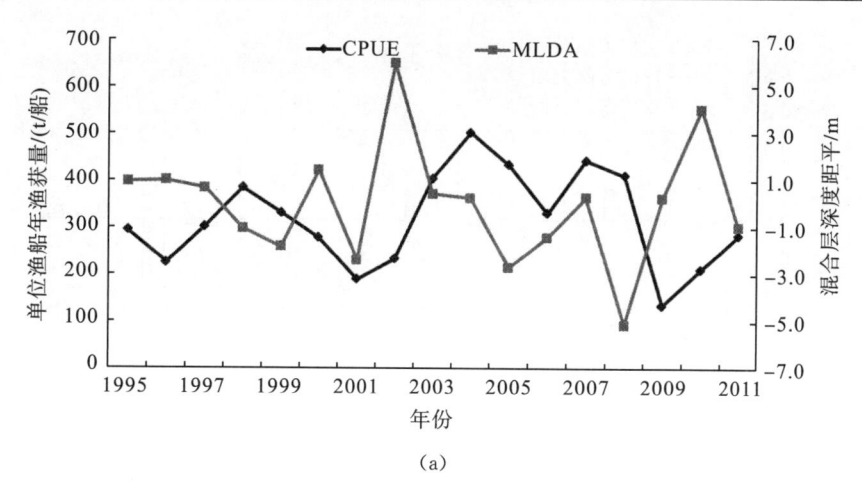

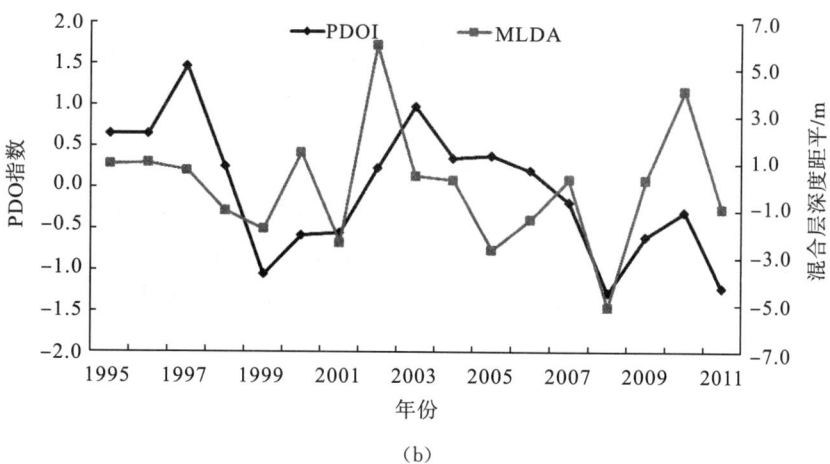

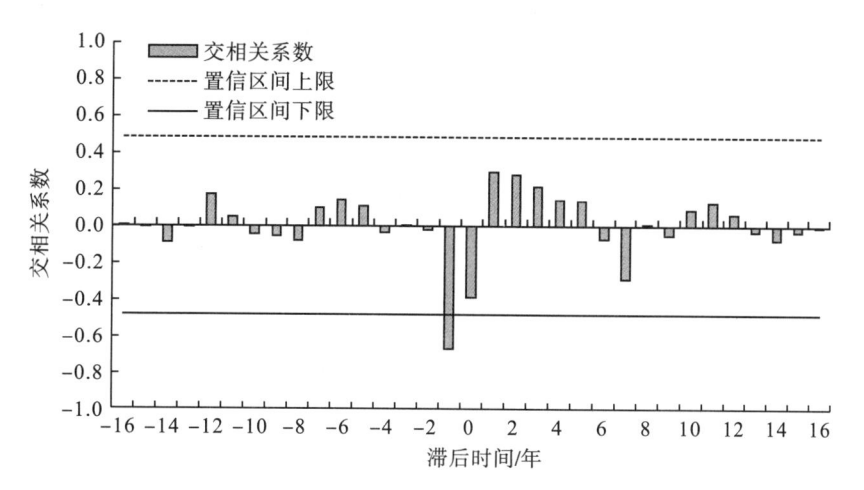

图 4-9 比较 CPUE 和 PDOI 与 7~11 月份渔场混合层深度异常变化

(a)

(b)

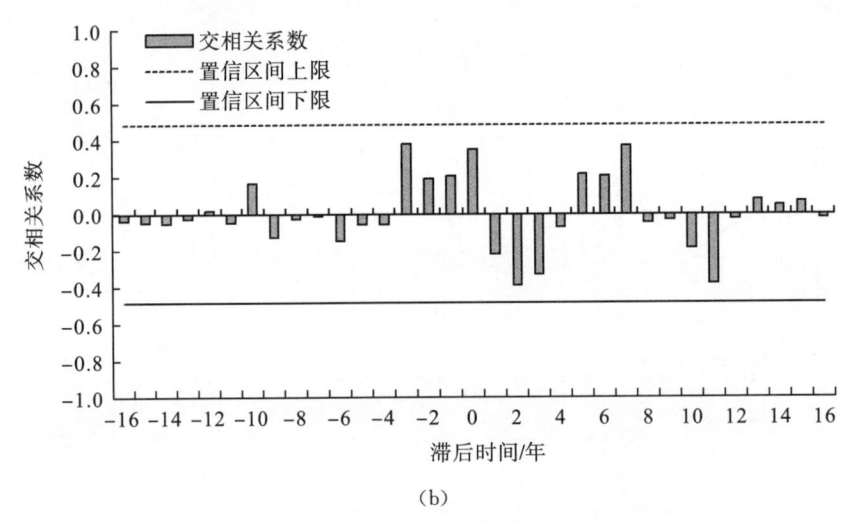

图 4-10 CPUE 和 PDOI 与 7~11 月份渔场混合层深度异常交相关系数

4.1.2.4 渔场生物物理因素对 CPUE 变化的影响

统计分析表明 1995~2011 年柔鱼 CPUE 年间变化与 PDOI 和 Chl-a 高度相关。渔场不仅位于北太平洋黑潮延伸区内，受黑潮蛇形弯曲模式的影响，而且也是黑潮高温高盐与亲潮低温低盐水团交汇的区域[154]。两个海流的边界形成温度锋区，其位置在纬度方向上进行季节和年际尺度移动。以往的研究已表明黑潮和边界锋区的变化对柔鱼产量产生直接影响，但对不同 PDO 时期下小尺度的环流系统如何影响柔鱼种群资源水平尚未可知。

为解决以上问题，我们选择 1998 年和 1999 年柔鱼高产年份以及 2002 年和 2009 年柔鱼低产年份作为代表例子验证物理环境的变化。1998 年位于 PDO 暖期且 7~11 月份发生拉尼娜事件，渔场中 SSTA 为正，且渔场中心由于黑潮的不稳定性出现暖水涡漩，作业位置主要分布在 SSTA 为 0.2~0.8℃［图 4-11(a)］，因此捕捞位置与渔场中暖水海域重合导致 1998 年柔鱼产量和 CPUE 增加。通常情况下，PDO 暖期西北太平洋 SSTA 较低，但由于 1998 年发生拉尼娜事件，35°~45°N、153°~176°E 渔场 SSTA 较高。渔场内暖水团为柔鱼产量提高了有利的物理条件。2002 年同样位于 PDO 暖期内，但 7~11 月份发生了厄尔尼诺事件。40°N 以南海域内 SSTA 基本为正，而渔场中心位置出现狭长的异常冷水团，与日本东部沿岸向南侵入的亲潮寒流相连［图 4-11(b)］。作业位置与冷水海域重合，一般分布在 −0.4~0℃，导致 2002 年产量和 CPUE 显著下降。

1999 年位于 PDO 冷期内，但 7~11 月发生拉尼娜事件。分析发现渔场 30°~43°N、140°~165°E SSTA 为正，为 0.2~0.8℃；但是在 43°N 以北或 168°E 以东海域内 SSTA 骤降［图 4-11(c)］。大部分作业位置分布在 SSTA 为 0.2~0.7℃海域，也有小部分的作业位置位于 168°~175°E 内暖水和冷水交汇的锋区处

[图 4-11(c)]。因此 1999 年柔鱼 CPUE 略低于 1998 年，但显著高于 2002 年厄尔尼诺年份的 CPUE。2009 年如 1999 年一样在 PDO 暖期内，但发生了厄尔尼诺事件。在这一年，渔场 SSTA 分布特征在日本东部沿岸和 42°～45°N 及以北海域 SSTA 为负，为−0.8～(−0.4)℃[图 4-11(d)]。一般在 PDO 冷期内，西北太平洋主要出现暖水团，然而 2009 年发生厄尔尼诺事件，渔场暖水团分布在 35°～42°N、157°～170°E 内形成一个孤立的以暖水为中心的涡漩[图 4-11(d)]，在此海域 SSTA 一般超过 0.8℃。由于 2009 年作业位置全部分布在异常冷的水域，柔鱼产量和 CPUE 急剧下降。

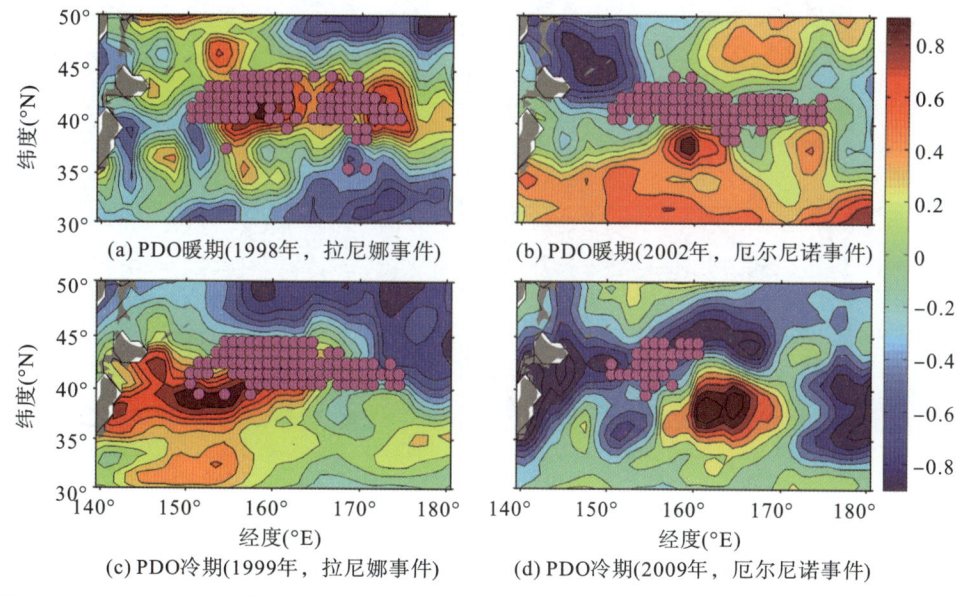

图 4-11 1998 年、2002 年、1999 年和 2009 年 7～11 月柔鱼渔场 SSTA 与作业位置叠加分布图

本书研究发现尽管 CPUE 与 PDOI 高度相关且滞后一年，但柔鱼产量和 CPUE 的大小还与当年渔船作业位置分布的 SSTA 正负有关。此外，局部海域的 SSTA 与 PDO 冷暖期 SSTA 主要分布特征可能会显著不同。为进一步解释渔场 SSTA 空间分布和时间变化，本书深入分析了这四年渔场的海流分布。

Global-FVCOM 模拟的流场显示 PDO 冷暖期内拉尼娜或厄尔尼诺年份西北太平洋的黑潮和亲潮分布差异显著（图 4-12）。例如，1998 年和 1999 年拉尼娜年份，除了黑潮在 35°N 离岸向东延伸之外，一部分黑潮暖水流在日本东部沿岸 43°N 左右向北入侵弯曲，然后反气旋旋转向东延伸，其位置在 40°N 处。当黑潮发生此变化时，亲潮寒流边界向北撤退至 44°N 甚至更北。在这种情况下，大量高温高盐的黑潮水团占据渔场，带来温度相对较高的水团。在两条向东趋近的黑潮延伸流内，在 35°～40°N 观测到此海域内存在多个中尺度涡漩，加强了食物饵料(Chl-a)和柔鱼在此范围内滞留。2002 年和 2009 年厄尔尼诺年份，黑潮在日本东部沿岸并未向北入侵,黑潮主流保持在 35°N 左右并向东延伸。由于海水流动的不稳定性,黑潮在 157°E 以东海域分为两支,而在这两支延伸流中间海域存在多个中尺度涡漩。在这两年中,亲潮寒流向南偏移,输送更多冷水进入 43°N 以南海域。在这种情况下,渔场内的水系为黑潮高温高盐水和亲潮低温低盐水混合而成,由于捕捞作业位置内水温过低,柔鱼 CPUE 和产量骤减。

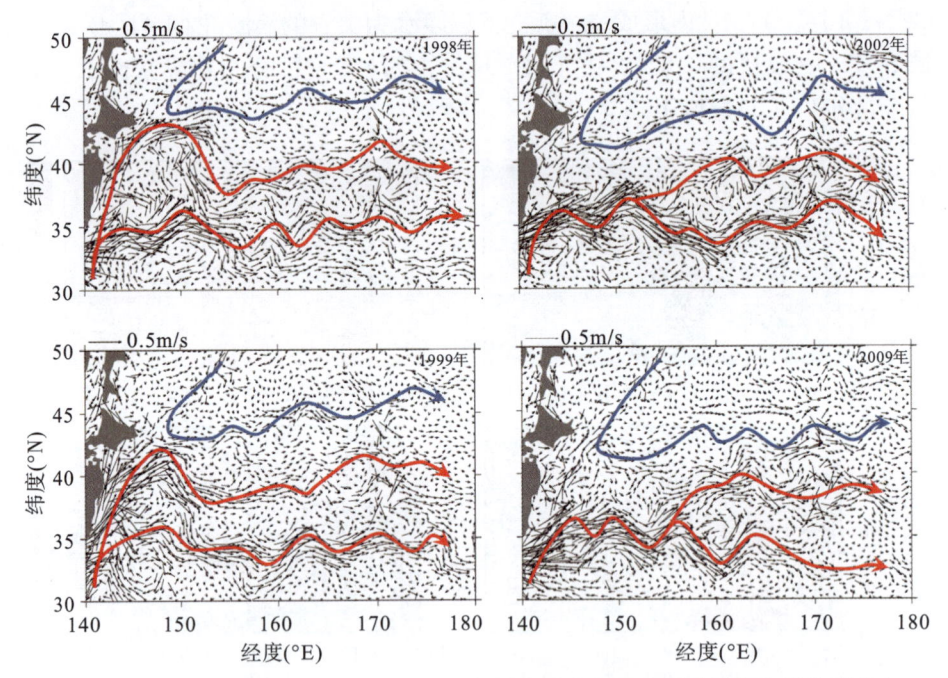

图 4-12　1998 年、1999 年、2002 年和 2009 年捕捞季节西北太平洋局部海域海流分布
注:红线代表黑潮主流,蓝线代表亲潮主流

以 20℃和 10℃等温线定义为黑潮锋区和亲潮锋区位置,分析了 1998 年、1999 年、2002 年和 2009 年黑潮和亲潮锋区的位置变化(图 4-13)。注意到 1998 年和 1999 年拉尼娜年份黑潮和亲潮锋区位置比 2002 年和 2009 年厄尔尼诺年份向北移动 1~2°N。显然黑潮暖流向北移动时给柔鱼栖息地提供了更有利的环境条件,而向南侵入的亲潮寒流则产生了不利的环境条件。因此,柔鱼冬春生种群的资源评估不仅可以由渔业数据统计定量计算,也可以通过验证渔场内的物理环境变化来定性分析。

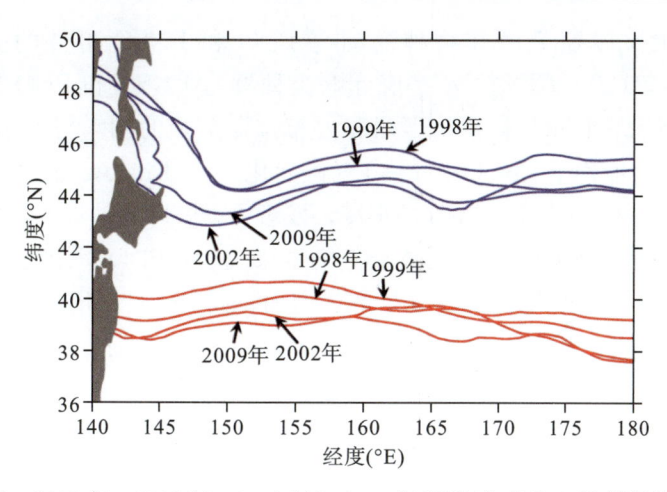

图 4-13　1998 年、2008 年、2002 年和 2009 年黑潮（定义为 20℃等温线位置，图中红线）和亲潮锋区（定义为 10℃等温线位置，图中蓝线）边界分布

4.1.2.5　以 PDO 指数为自变量的资源丰度的预测模型

交相关分析表明 CPUE 与 PDOI 相关，且滞后一年。利用 PDOI 为自变量，构建线性回归模型预测柔鱼资源丰度。模型结果显示 CPUE 与 PDOI 显著正相关，且通过 95% 的显著性检验。回归模型如下

$$\mathrm{CPUE}_n = 316.179 + 91.610 \times \mathrm{PDOI}_{n-1}$$

式中，n 为年份。

4.1.3　讨论与分析

柔鱼科鱼类短生命周期的特征使其种群对中尺度气候变化和局部海域环境条件高度敏感，驱使其资源丰度和分布产生年间变化[10]。1995～2011 年，柔鱼冬春生群共经历两个完整的 PDO 循环，以及一系列厄尔尼诺/拉尼娜事件。不同的 PDO 时期内太平洋 SSTA 变化模态以及厄尔尼诺/拉尼娜事件发生的频率等与前人结果基本一致[61,64]。柔鱼 CPUE 与 PDOI 和 Chl-a 浓度显著正相关，且滞后一年。本书举例分析了不同 PDO 时期拉尼娜和厄尔尼诺事件下对应高产和低产年份渔场环境的变化，在某种程度下也涵盖了可能出现的几种情景来解释柔鱼丰度发生变化的原因。结果表明气候变化诱导的西北太平洋流场的变化调控了柔鱼渔场的环境。1998 年和 1999 年黑潮向北侵入在渔场内生成了暖水条件，2002 年和 2009 年亲潮向南入侵导致渔场异常变冷。由于黑潮和亲潮交汇区域的环境随气候驱动的局部海流变化而变化，因此柔鱼的产量和 CPUE 与作业位置内的环境条件相关。基于 PDO 指数构建的预测模型能够预测柔鱼冬春生群体的资源丰度，有利于更好地进行渔业管理。

已有相关文献研究海洋物种变动与 PDO 和 ENSO 事件的关联。例如，Vandenbosch 等(2003)研究了小苎麻赤蛱蝶种群与 ENSO 和 PDO 事件的关联，研究发现加利福尼亚州、科罗拉多州和内布拉斯加州的蝴蝶与厄尔尼诺事件有关，其种群变动依赖于 ENSO 和 PDO 气候变化[155]。Koslow 等(2012)估算了加利福尼亚州大螯虾 60 年时间序列的丰度，发现大螯虾叶状幼体的丰度与 PDO 和厄尔尼诺事件呈显著正相关[156]。本研究的结果表明，PDO 暖期为西北太平洋柔鱼渔场提供了有利的环境条件，柔鱼产量增加；而 PDO 冷期则不利于柔鱼生长和存活，产量剧减。此外，以往的研究认为柔鱼产卵场 2 月份的环境条件受拉尼娜和厄尔尼诺事件影响，其变化趋势决定了当年柔鱼资源补充量水平[53,121]。研究发现，分别在 1996 年、1999 年、2000 年、2001 年、2006 年、2008 年和 2009 年的 2 月份柔鱼产卵场发生了拉尼娜事件，CPUE 在随后一年均显著下降。1998 年、2003 年和 2010 年 2 月份发生了厄尔尼诺事件，其后一年的 CPUE 增加。因此，上一年 2 月份发生厄尔尼诺事件可能有利于柔鱼资源补充量增加，使当年的 CPUE 上升；相反，上一年 2 月份发生拉尼娜事件可能导致柔鱼资源补充量下降，使当年的 CPUE 减少。研究结果表明柔鱼资源丰度的年间变化受制于 PDO 和 ENSO 复杂的相互作用过程。研究发现无论在 PDO 处于冷暖何种时期，一旦发生了拉尼娜事件，柔鱼 CPUE 和产量都可能由于局部海域流场变化而增加。

已有不少研究致力于估算 SST 和 Chl-a 浓度对柔鱼资源丰度和分布的影响，但较少涉及 MLD 这一环境变量。Wang 等(2010)研究了柔鱼的时空分布与 SST 和 Chl-a 的关系，他们发现 SST 水平梯度高的海域通常产量较高，而且发现渔场 Chl-a 主要为 $0.15\sim0.5\mathrm{mg/m^3}$[91]。Fan 等(2009)基于 GAM 分析，得出柔鱼冬春生群主要分布在 SST 为 10~22℃的海域，适宜 SST 为 15~17℃，而适宜的 Chl-a 为 $0.1\sim0.6\mathrm{mg/m^3}$[128]。陈新军等(2012)构建了北太平洋柔鱼的综合栖息地模型，模型结果表明 0~50m 的水温垂直结构可以用来预测柔鱼的渔场位置[58]。在研究柔鱼资源动态时 MLD 是一个非常有必要考虑的环境因素，但是本书的研究结果表明其对柔鱼年间丰度的变化影响有限。此外，FGSSTA 和 SGSSTA 均受 PDO 影响，但如果将渔场 7~11 月份或产卵场 1~5 月份 SSTA 取平均值与 CPUE 相关，我们发现 SSTA 与 CPUE 相关性均不显著。因此需要进一步考虑渔场范围内 SSTA 空间分布变化对 CPUE 的影响。结果显示拉尼娜年份渔场异常变暖的海水产生有利条件导致 CPUE 增加；而厄尔尼诺年份渔场异常冷的水温条件不利于柔鱼生存导致 CPUE 降低。

很少研究将产卵场内 Chl-a 浓度与柔鱼资源丰度关联分析[57]。实际上，产卵场初级生产力的大小对柔鱼早期生活阶段的生长发挥重要作用，柔鱼在食物饵料丰富的海域生长速率快，死亡率低[30]。研究表明 FGCA 和 SGCA 与 PDO 模态变化一致，且均与 CPUE 正相关，滞后一年。Chl-a 浓度对 CPUE 滞后一年的影响可能是导致 PDO 与 CPUE 滞后一年影响关系的原因之一。需要指出的是本研究虽然发现了柔鱼种群的时空变动受到大尺度气候变化和局部海域物理和生物环境共同影响，但是本研究所描述的机制尚不能解释 CPUE 与 PDO 之间存在滞后一年相关性的生理物理过程。

4.1.4 小结

本节研究的开展主要是检验 PDO 模态转变和局部生物物理环境对柔鱼冬春生资源丰度年间变化的影响。渔船每年单位努力渔获量作为表征柔鱼年资源丰度的指标。结果显示，1995～2011 年北太平洋经历 2 次完整的太平洋年代际涛动(PDO)周期，期间共发生 5 次厄尔尼诺事件和 8 次拉尼娜事件。其中 1995～1998 年和 2002～2006 年为 PDO 暖期，暖期内柔鱼产量呈上升趋势，对应柔鱼平均 CPUE 分别为 301.7t/船和 380.9t/船；而 1999～2001 年和 2007～2011 为 PDO 冷期，冷期内柔鱼产量呈显著下降趋势，对应柔鱼平均 CPUE 分别为 266.5t/船和 296.9t/船，可以看出 PDO 暖期内 CPUE 明显高于冷期 CPUE。柔鱼资源丰度与 PDO 指数正相关，且滞后一年。渔场和产卵场 Chl-a 浓度与 CPUE 之间存在相同的关系。此外，在 PDO 暖期内发生拉尼娜事件时，渔场出现异常暖水团，给柔鱼栖息地提供有利环境条件；而在 PDO 冷期内发生厄尔尼诺事件时，渔场水温异常变冷，通常导致 CPUE 变低。分析结果说明柔鱼资源水平与气候引发的西北太平洋海流变化紧密相关：黑潮势力变强向北入侵的年份一般柔鱼资源丰度变高。黑潮将温暖且饵料丰富的水团输送至渔场，并形成多样的中尺度涡流，其不稳定使食物饵料滞留在渔场，以上均有利于柔鱼西部种群各个生活阶段的生长。本节最后基于 PDO 指数构建了模型来预测柔鱼冬春生群体的各年资源丰度。

4.2 柔鱼渔场重心分布应对 PDO 的响应

柔鱼科鱼类作为生态机会主义种类，其短生命周期的特征决定其渔场的分布对环境条件极其敏感[4]。当渔场中生物和非生物环境发生改变并不利于生存时，成年柔鱼一般会迅速做出反应，转移到更适宜的海域中[157]。前人研究表明许多环境变量对柔鱼特殊栖息地偏好和渔场分布的位置具有至关重要的作用。例如，海表温度(SST)的变化会显著影响柔鱼的分布，特别是当某些海域 SST 水平梯度较大时就会引起柔鱼大量聚集，柔鱼资源丰度高[91]。柔鱼种群倾向于分布在较高的 SSTA 范围内，通常渔场中较低的 SSTA 分布会引起柔鱼分散，不易形成丰产渔场[147]。此外，也有学者认为 SSHA 与柔鱼渔场分布关系密切[158]。Chen 等(2010)认为 SSHA 可以用来作为寻找柔鱼潜在渔场的指示因子，最适 SSHA 范围随季节发生变化，但其值一般低于 0cm[108]。

大尺度气候和环境变化，如太平洋年代际涛动（PDO）、恩索（ENSO）事件、黑潮、亲潮等，可能会引起柔鱼渔场范围内环境波动，从而导致柔鱼资源空间分布模式存在不确定性[10]。例如，徐冰等（2012）认为东南太平洋秘鲁海域茎柔鱼资源的空间转移受 ENSO 事件影响[13]。和厄尔尼诺年份相比，通常拉尼娜年份秘鲁外海 SST 显著降低，茎柔鱼渔场重心向北移动 1°~2°纬度。同样，ENSO 事件对北太平洋柔鱼种群渔场分布产生影响：发生 ENSO 事件时，柔鱼育肥场 SST 发生变化，渔场变动规律通常是在厄尔尼诺年份向南移动，在拉尼娜年份向北移动[53]。此外，Chen 等（2012）估算了黑潮暖流的路径和流量对柔鱼空间分布的影响，其结论认为黑潮的强度大小对柔鱼南北洄游作用较大[52]。从以上分析中我们认为柔鱼对渔场局部海域环境变量和大尺度气候变化积极主动响应，然而现有的研究较少涉及 PDO 事件与渔场环境变量对柔鱼空间分布长期的影响，对于柔鱼渔场重心变化与多尺度环境变化的理解目前受到局限。

本节主要分析 1995~2011 年 PDO 事件与西北太平洋柔鱼冬春生群体空间分布年间变化的关联，结合渔场 SST、SSH 和 MLD 三个环境变量探讨对渔场分布的影响，并以 PDO 指数为自变量建立回归模型预测柔鱼渔场重心位置。

4.2.1 材料与方法

4.2.1.1 渔业生产数据

渔业生产数据来自上海海洋大学鱿钓技术组，时间为 1995~2011 年 7~11 月份。海域为 35°~50°N、150°~175°E，即为西北太平洋传统作业渔场，统计内容包括捕捞日期（年和月）、捕捞位置（经度和纬度）、日产量（单位：t）和捕捞努力量（作业天数）。空间分辨率为 1°×1°。中国鱿钓船在这一海域的产量占据了北太平洋柔鱼总产量的 80% 以上[82]。

本研究假设单位努力渔获量（CPUE）作为定义柔鱼丰度的指标因子[120,121]。计算名义 CPUE 的方法很多[159]，本研究定义经、纬度 1°×1° 为一个渔区，按月计算一个渔区内的 CPUE，单位为 t/d。名义 CPUE 的计算公式为

$$\text{CPUE}_{ymij} = \frac{\sum \text{Catch}_{ymij}}{\sum \text{Times}_{ymij}} \tag{4-1}$$

式中，CPUE_{ymij} 为名义 CPUE；$\sum \text{Catch}_{ymij}$ 为一个渔区内所有渔船总产量；$\sum \text{Times}_{ymij}$ 为总作业次数即统计一个渔区内所有渔船总作业天数；i 为经度；j 为纬度；m 为月份；y 为年份。

4.2.1.2 环境数据和气候指数

本研究中环境变量包括 SST、SSH 和 MLD。环境数据覆盖整个渔场海域，时间为 1995～2011 年 7～11 月。数据来源为：SST 和 SSTA 数据来源于夏威夷大学网站(http：//apdrc.soest.hawaii.edu/data)；SSH 和 SSHA 数据来源于美国 NOAA OceanWatch 数据库(http：//oceanwatch.pifsc.noaa.gov/las/servlets/dataset)；MLD 和 MLDA 数据来源于美国环境预报中心 (http：//apdrc.soest.hawaii.edu/las/v6/dataset)。所有环境数据均转化为 1°×1°以匹配渔业数据的时空分辨率。

PDO 指数(PDOI)本质上是用来描述太平洋气候涛动的指标。EOF 分析北太平洋 20°N 以北 SST 异常第一主分量被定义为 PDOI[59]。本研究中，1995～2011 年各月 PDOI 数据来源于美国海洋和大气研究所(http：//jisao.washington.edu/pdo/PDO.latest)。正负 PDOI 代表了冷暖 PDO 时期。通常，在 PDO 暖期北太平洋西部和中部海域出现异常冷水团，东太平洋和北美沿岸海域异常暖；PDO 冷期则相反[61]。PDO 现象对柔鱼科鱼类渔场的环境条件起到调控作用[9]。为研究气候变化对渔场环境变量的影响，本研究绘制了渔场中 1995～2011 年 7～11 月 SST、SSH 和 MLD 的经度和纬度截面分布图。此外，利用线性回归模型，以 PDOI 为自变量构建渔场重心的预测模型。

4.2.1.3 渔场重心位置计算

为量化柔鱼渔场的空间分布，本研究计算了以 CPUE 表征资源丰度的渔场经度重心(LONG)和纬度重心(LATG)[52]，计算公式分别为

$$\text{LONG}_m = \frac{\sum_{i=1}^{K}(\text{LONG}_i \times \text{CPUE}_{mi})}{\sum_{i=1}^{K}\text{CPUE}_{mi}} \tag{4-2}$$

$$\text{LATG}_m = \frac{\sum_{i=1}^{K}(\text{LATG}_i \times \text{CPUE}_{mi})}{\sum_{i=1}^{K}\text{CPUE}_{mi}} \tag{4-3}$$

式中，LONG_i 为第 i 个渔区的经度；LATG_i 为第 i 个渔区的纬度；CPUE_{mi} 为 m 月第 i 渔区的 CPUE；K 为总的渔区数量。

4.2.1.4 GAM 模型

广义加性模型(GAM)通常用来处理反应变量和解释变量间的非线性关系，是广义线性模型的延展[144]。本研究利用 GAM 模型分析柔鱼资源丰度对各环境

变量的响应，估算环境的偏好范围。GAM模型公式为

$$\ln \text{CPUE} = \alpha + \sum_{i=1}^{p} f(x_i) + \varepsilon \quad (4\text{-}4)$$

式中，CPUE 为名义 CPUE；α 为模型的截距；f 为非参数平滑函数；x_i 为第 i 个解释变量；ε 为残差，$\varepsilon = \sigma^2$ 且 $E(\varepsilon) = 0$。

4.2.2 结果

4.2.2.1 渔场经度和纬度重心分布

1995~2011年，渔场纬度和经度重心主要分布在37°~45°N、150°~170°E（图4-14），然而在空间分布上存在季节性变化。可以看出，7月份渔场重心在经度方向上较为分散，主要在150°~167°E形成一个狭长的纬度带；纬度跨度较窄，主要在39°~42°N。8月份，渔场重心位置开始向西北方向偏移，主要聚集在40°~44°N、153°~157°E，有少量作业位置出现在160°~165°E。到9月份时渔场重心位置更为集中，在41°~45°N、153°~160°E海域形成一个斜椭圆形。10月渔场重心向东移动，在41°~43°N形成狭长的纬度带。11月份渔场重心位置较为分散，纬度重心向南延伸到37°N，而经度重心则向东转移至168°E海域中。

4.2.2.2 渔场重心与PDO指数的相关分析

从图4-15中可以看出，1995~2011年PDOI正负交替出现，出现两次完整的冷暖PDO循环。1995~2011年年平均LATG主要位于40°~43.5°N。1995~2000年LATG逐渐向北移动，随后2001年又向南偏移。2002~2011年LATG为41.5°~43°N，其趋势是向北移动，但2009年纬度重心出现转折向南转移。研究发现在PDO暖期时，LATG倾向于靠南位置，而在PDO冷期时多分布于北部海域。1995~2011年年平均LONG在153°~161°E，1996年渔场经度重心最靠近西部海域，2000年渔场重心最靠近东部海域。1995~2001年渔场经度重心与PDOI呈负相关关系，高的PDOI对应了较低的经度重心值。然而2003~2006年渔场经度重心与PDOI大小逐渐降低，呈现相同的变化趋势。相关分析结果说明1995~2011年PDOI与LATG显著负相关（$R=-0.679$，$P<0.01$），与LONG相关性统计上并不显著（$R=-0.275$，$P=0.142>0.05$）。

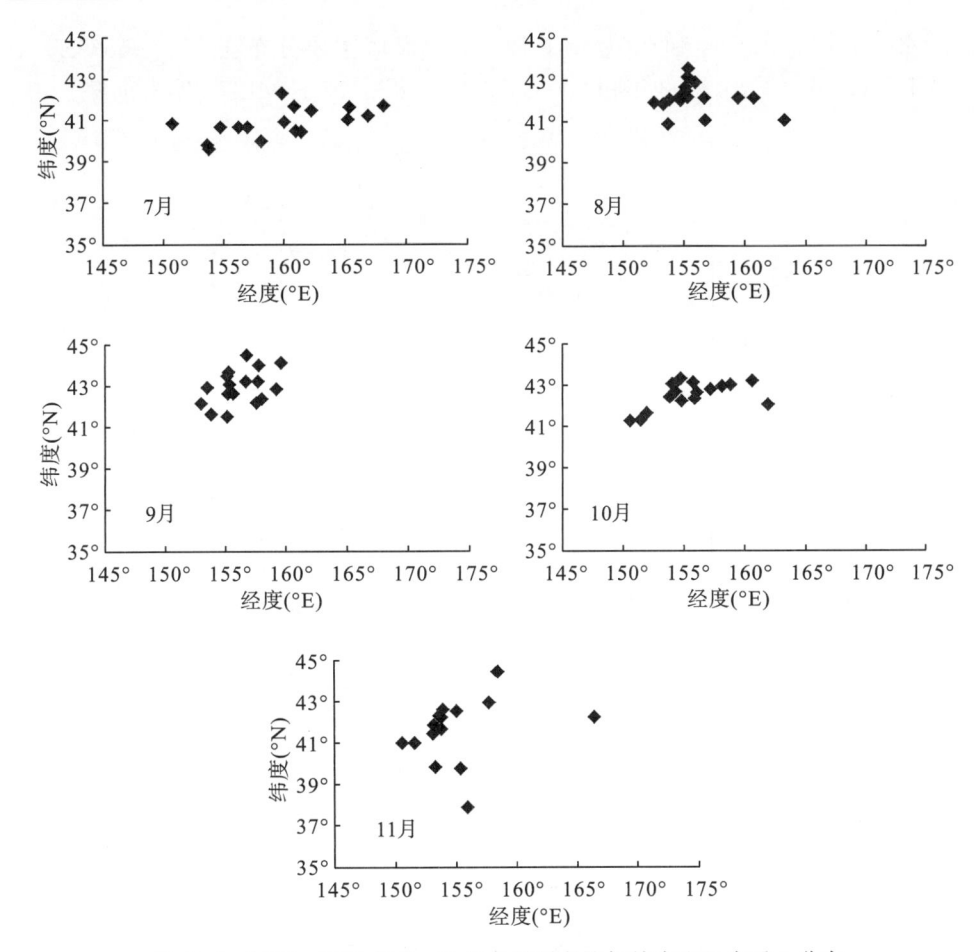

图 4-14　1995~2011 年 7~11 月各月柔鱼渔场纬度和经度重心分布

4.2.2.3　渔场环境因子经度和纬度截面的时间序列分析

1995~2011 年平均 LONG 和 LATG 分别为 156.5°E 和 42.5°N，以此值为截面分别构建经度和纬度的时间序列分布图。研究发现，各环境变量在经度和纬度方向年间变化显著(图 4-16)。1998~2000 年、2008 年和 2009~2011 年渔场 36°~45°N SSTA 升高，而 1995~1997 年以及 2001~2002 年观测到渔场出现异常冷水团。1995~2011 年 SSHA 在 39°N 以南海域均超过 40cm，而 44°N 以北海域 SSHA 一般低于 0cm，这两个海域 SSHA 波动不明显。而在 39°~44°N 水域，即渔场重心区域 SSHA 变化明显，为 0~20cm，其中 1998~2000 年、2005 年和 2010~2011 年 SSHA 呈上升趋势。渔场 MLDA 一般在 -10~10m，但其年间变化不显著。环境变量经度截面图显示 1998~2000 年、2005 年、2008 年和 2010~2011 年渔场出现暖水团，但分布位置不同，其中 1998 年和 2008 年在 150°~175°E 水温上升明显；1995 年、1997 年和 2002 年 SSTA 降低。SSHA 在 1997~

2003 年、2004~2005 年和 2010 年上升，上升海域主要分布在 153°~157°E。对于 MLDA，可以看出 2002 年和 2009 年渔场 162°~175°E MLDA 明显加深。

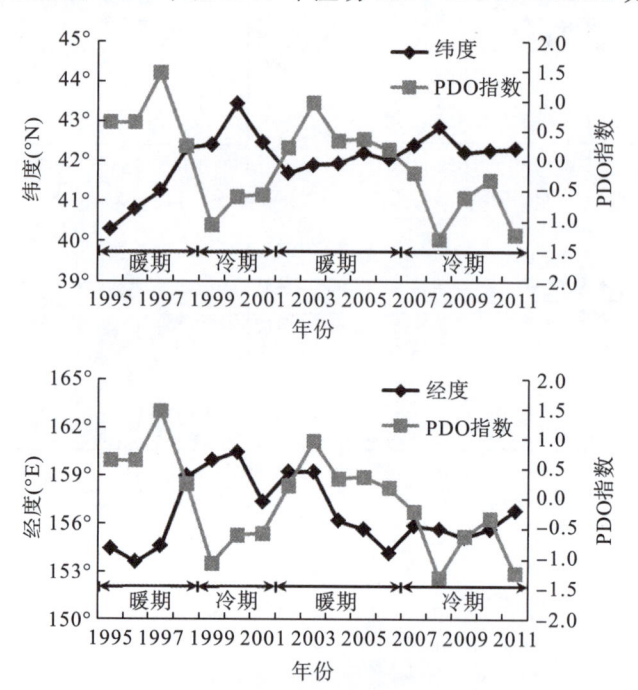

图 4-15　柔鱼渔场纬度和经度重心与 PDO 指数的关系

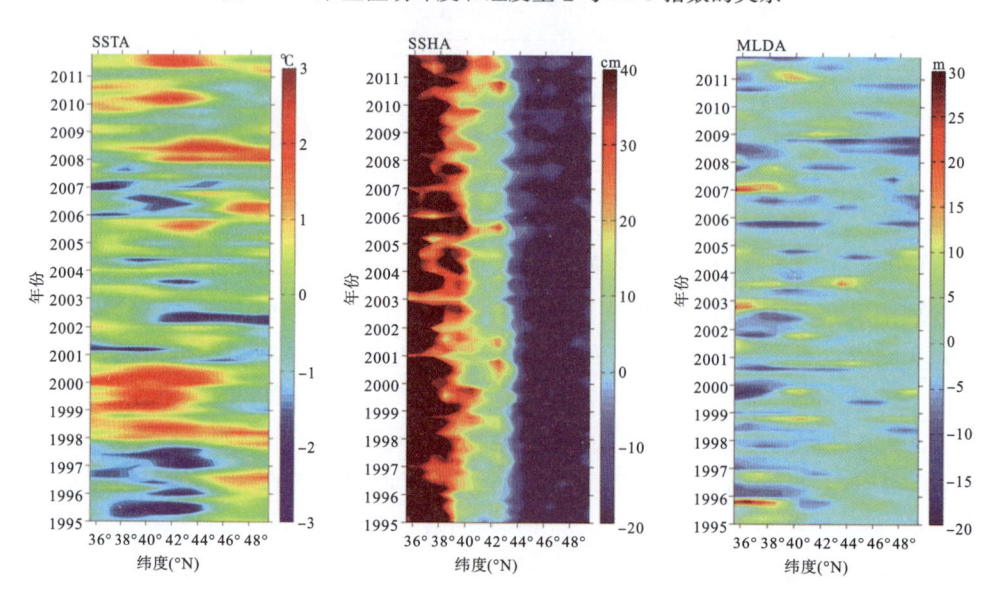

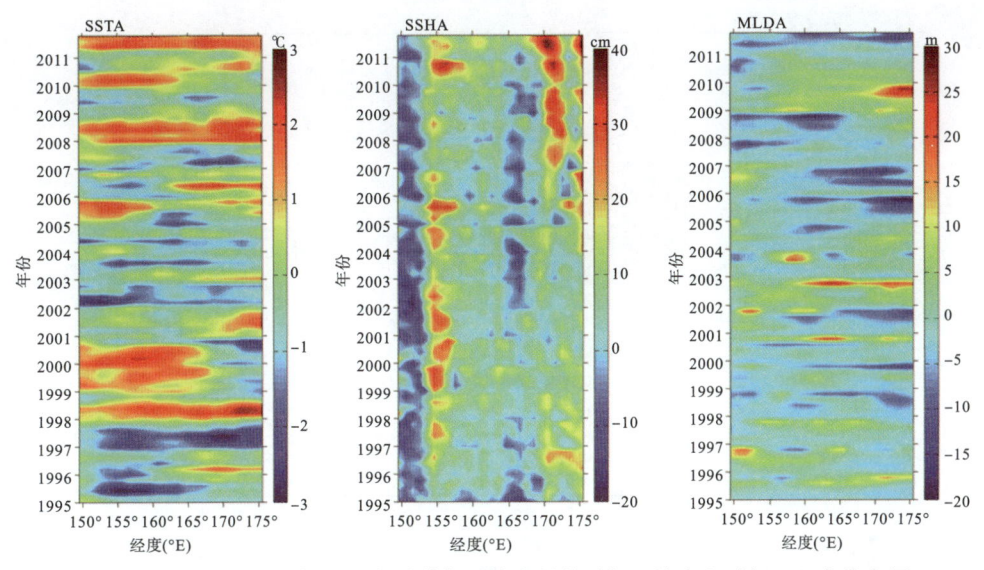

第4章　柔鱼资源应对太平洋年代际涛动的响应机制

图 4-16　1995~2011 年西北太平洋各环境变量的时间－纬度和时间－经度分布图

4.2.2.4　PDO 和环境因子对渔场重心位置变化的影响

GAM 模型分析结果认为，除 MLDA 外，SSTA 和 SSHA 对柔鱼 CPUE 影响统计结果显著（$P<0.01$）。CPUE 随 SSTA 增加而略微上升，适宜 SSTA 为 -2~2℃；SSHA 对 CPUE 呈显著负影响，较低的 SSHA 有利于产生高的柔鱼丰度，适宜的 SSHA 为 -20~30cm；而柔鱼渔场主要分布在 MLDA 为 -10~10m 海域（图 4-17）。

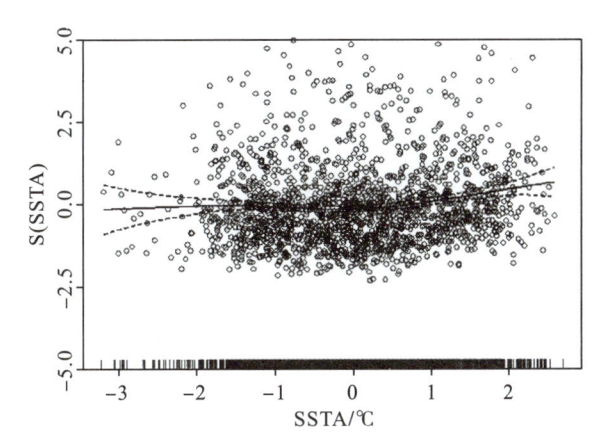

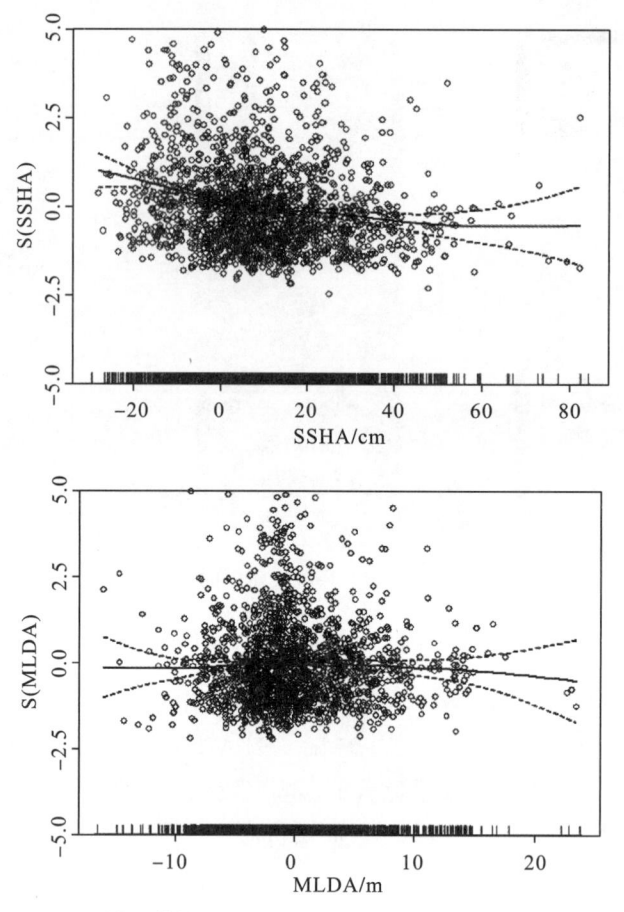

图 4-17　GAM模型估算西北太平洋柔鱼渔场对各环境变量的偏好范围

1995~2011 年 7~11 月平均 SSTA 和 SSHA 分别为-1.0~1.0℃ 和-3.6~6.1cm。除了个别年份以外，PDO 暖期的 SSTA 和 SSHA 较低；而 PDO 冷期的 SSTA 和 SSHA 较高（图 4-18）。MLDA 年间变化显著，最低为 2005 年的-3.6m，最高为 2002 年的 4.3m，但 MLDA 的变化与 PDO 冷暖期对应无明显规律。回归分析结果说明了 SSTA 和 SSHA 均与 LATG 呈显著正相关，与 PDOI 呈显著负相关。但 MLDA 与渔场重心以及 PDOI 相关性统计上均不显著（表 4-1）。

表 4-1　渔场环境变量 SSTA、SSHA 和 MLDA 与渔场重心以及 PDOI 相关关系

环境变量	LATG R	LATG P	LONG R	LONG P	PDOI R	PDOI P
SSTA	0.621	0.004	0.308	0.115	-0.710	0.001
SSHA	0.505	0.019	0.139	0.297	-0.738	<0.001
MLDA	-0.374	0.070	-0.006	0.490	0.296	0.124

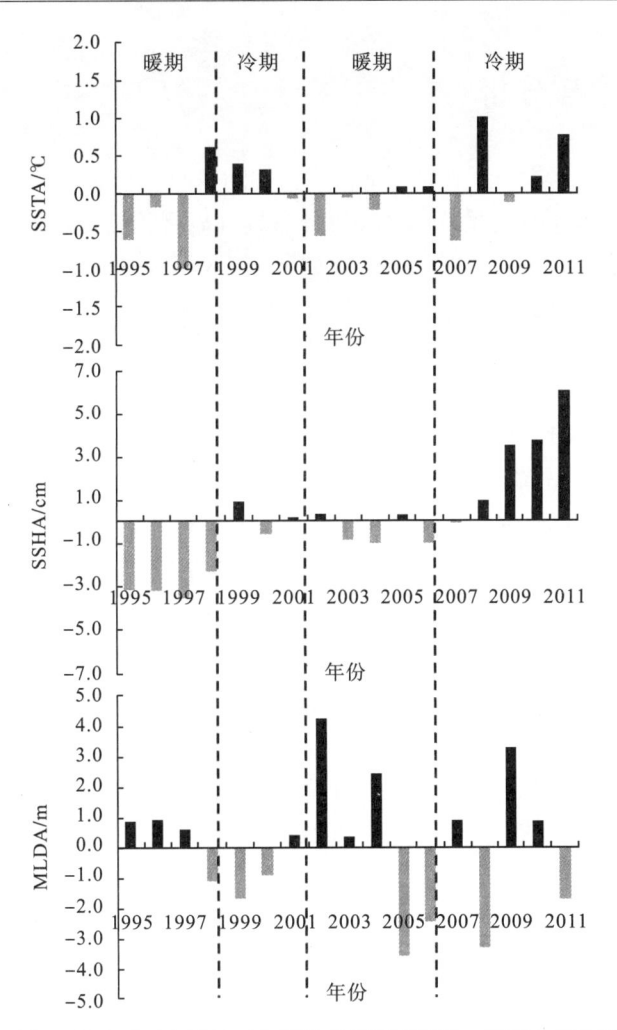

图 4-18 1995~2011 年 7~11 月柔鱼渔场 SSTA、SSHA 和 MLDA

4.2.2.5 以 PDO 指数为自变量的渔场重心的预测模型

相关性分析说明了 PDO 对渔场的纬度重心具有显著影响。因此，将 PDOI 作为自变量构建柔鱼渔场纬度重心的线性回归模型。模型结果显著，见表 4-2。

表 4-2 柔鱼渔场纬度重心与 PDOI 的回归分析模型

回归模型	95%置信区间	P
LATG $=a_0+a_1\times$PDOI		
$a_0=42.019$	[41.732, 42.307]	<0.001
$a_1=-0.638$	[−1.017, −0.259]	0.003

$R=0.679$；$F=12.855$；$P=0.003$

4.2.3 讨论与分析

以往的研究关于柔鱼冬春生西部群体长期的空间分布变化相当有限。本书研究发现 1995~2011 年柔鱼对偏好的经纬度分布具有显著的年间和季节性变化(图 4-14 和图 4-15)。每月 LATG 主要分布在 39°~44°N，7~11 月进行南北洄游移动。LATG 的这种移动方式可能与柔鱼的生活史特征相关[128]。此外，年间 LATG 从 1995~2000 年上升明显即向北偏移，在随后的 10 年中轻微波动。柔鱼 8 月和 9 月份主要集中在偏好的经度范围内，但在其他月份较为分散，广泛分布在 150°~170°E。1998~2003 年渔场经度重心主要位于 156°E 以东海域。以上结论与前人研究基本一致。例如，Chen 等(2003)认为 1995~2001 年柔鱼渔场主要分布在 153°~161°E 海域[94]。此外，Chen 等(2010)根据 1998~2007 年的渔业数据分析了各月柔鱼最适宜的渔场范围，分别为：7 月份分布在 157°~169°E、40°~42°N；8 月份分布在 151°~158°E、41°~44°N；9 月份分布在 152°~160°E、42°~45°N；10 月份分布在 151°~160°E、42°~44°N；11 月份分布在 150°~156°E、40°~42°N[92]。

大洋性鱼类空间分布的年间差异可能是海洋生态系统生态过程影响的结果，主要由大尺度气候变化来驱动[160,161]。例如，研究证明印度洋黄鳍金枪鱼的空间分布与印度洋偶极子相关。当印度洋正偶极子发生时，黄鳍金枪鱼资源主要分布在西印度洋的北部和西部边缘海域；相反在负极子发生时，西印度洋中黄鳍金枪鱼的渔场向中部海域扩张[162]。Tian 等(2013)认为在日本海和太平洋沿岸水域中，枪乌贼四个种群的纬度分布主要受 PDO、ENSO、北极涛动(AO)和季风的控制[163]。对于柔鱼冬春生西部群体，研究表明 PDO 的模态转换会改变柔鱼渔场的环境条件，从而导致其纬度分布产生年间变化。PDO 暖期渔场中 SSTA 变冷，SSHA 变低，导致 LATG 向南移动；PDO 冷期使渔场中 SSTA 变暖，SSHA 变高，导致 LATG 向北移动。本研究中 PDOI 与 LATG 的负相关关系与 Chen 等(2012)[52]结果一致，但他们的研究主要集中在黑潮势力的强弱变化对柔鱼渔场分布的影响。本书研究集中探索 PDO 影响柔鱼渔场中环境过程，从而进一步研究对柔鱼分布的影响。

已有较多的研究估算 SST 和 SSH 对柔鱼渔场空间分布的影响，但较少研究涉及 MLD。Fan 等(2004)认为柔鱼有利的 SST 区间为 10~22℃，最适宜的 SST 为 15~17℃[106]。Tian 等(2009)构建了柔鱼栖息地模型，模型定义了柔鱼栖息地环境 SST 为 16.6~19.6℃，SSH 为 −20~(−4)cm[112]。但是，他们的结论倾向于强调柔鱼偏好的环境范围。本研究主要集中分析 SSTA、SSHA 和 MLDA 对柔鱼空间分布的影响。GAM 模型用来估算柔鱼对环境变量的适宜范围。结果表明柔鱼偏好的 SSTA 为 −2~2℃，SSHA 为 −20~30cm，SSHA 为 −10~10m

(图4-17)。此外,较高的SSTA和SSHA导致LATG向北偏移(表4-1)。从环境变量截面图分析看(图4-17),每年的LATG主要分布在适宜的环境范围内,特别从SSTA分布图看更为明显。1998~2000年、2005年、2008年和2010~2011年渔场40°~45°N SSTA升高变暖,这些年份LATG向北偏移,进入SSTA较高的水域内。渔场内的SSHA基本处在柔鱼最适宜范围内,而1998~2000年、2005年、2008年和2010~2011年SSHA升高,LATG向北移动。

研究发现,MLDA与柔鱼空间分布之间关系不显著,这表明MLD对柔鱼渔场分布的影响机制尚不清晰。但在MLD控制渔场中水温垂直分层的作用不容忽视,在分析中需要考虑。气候变化改变鱼类栖息地的MLD,导致不同营养级的生产力发生改变,可能影响鱼类资源的分布[164]。Su等(2011)分析北太平洋金枪鱼分布的年间变化,此鱼种的空间分布转变与SST变化和MLD加深有关[165]。Chang等(2013)认为2005年大西洋赤道西北海域箭鱼最适栖息地空间分布转变可能与MLD降低和SSH升高有关[119]。本研究中,1995~2011年柔鱼渔场大部分海域MLDA为−10~10m,此范围即为柔鱼的适宜范围,因此渔场MLDA变化不显著,对柔鱼分布影响有限。此外,发现7~11月份柔鱼渔场的MLD低于30m,成年柔鱼经历垂直洄游,它们白天会转移到更深水层。因此研究中不仅要考虑表层MLD,也需要考虑更深水层的垂直水层温度,尤其是0~50m的水层温度结构[58]。

4.2.4 小结

柔鱼为生态机会主义鱼种,经历着世界上最复杂的气候环境条件。大尺度气候和海洋环境变化,如太平洋年代际涛动(PDO)等,可能会引起柔鱼渔场范围内环境波动。当渔场中生物和非生物环境发生改变并不利于生存时,成年柔鱼一般会迅速做出反应,转移到更适宜的海域中,从而导致柔鱼资源空间分布模式存在不确定性。本节根据1995~2011年7~11月我国鱿钓船在35°~50°N、150°~175°E传统作业渔场海域的生产统计数据和环境数据,分析了气候和环境变化对柔鱼空间分布的影响。柔鱼渔场经度重心(LONG)和纬度重心(LATG)季节和年间变化显著。1995~2011年平均LATG为40°~43.5°N,在PDO暖期时,LATG倾向于靠南位置,而在PDO冷期时多分布于北部海域。1995~2011年平均LONG在153°~161°E。相关分析结果说明1995~2011年PDOI与LATG显著负相关,但与LONG相关性不显著。渔场SSTA、SSHA和MLDA在经度和纬度方向年间变化显著,柔鱼纬度重心主要分布在适宜的环境范围内。研究发现,SSTA和SSHA均与LATG呈显著正相关,与PDOI显著负相关。但MLDA与LATG以及PDOI相关性在统计上均不显著。纬度重心年间的南北移动主要与PDO以及SST和SSH相关,MLD对柔鱼空间分布的影响具有局限性。在 PDO 暖期，SST 偏冷以及 SSH 偏低，导致渔场纬度重心向南移动；在 PDO 冷期，SST 偏暖以及 SSH 偏高，导致渔场纬度重心向北移动。本研究构建的回归模型帮助理解和预测柔鱼渔场的分布，有助于进行有效的渔业资源管理。

4.3 PDO影响柔鱼资源丰度的机制研究

大多数柔鱼科种类均是短生命周期，寿命约为 1 年[166]。由于其复杂的生活史特征，柔鱼种群对不同尺度的气候和环境变化极其敏感，因此种群分布和大小经历不同时间尺度的波动[10]。已有研究表明气候变化对柔鱼种群动态起到决定性作用[57,163]。此外，也有研究认为柔鱼种群的变动与补充量和栖息地适宜性变化有关，前者与产卵场环境条件有关，而后者则与育肥场环境条件相关。例如，茎柔鱼的资源丰度与厄尔尼诺和拉尼娜事件有关[78]。日本海太平洋褶柔鱼仔鱼量与有利的 SST 产卵场面积有关[12]。阿根廷滑柔鱼的种群变化因素主要为渔场的温度、海流和水深变化[167]。

柔鱼资源补充量年间变化的主要影响因子是产卵场的海洋环境，如温度异常 (SSTA)[53]、对产卵有利的 SST 面积[121]以及食物获取[57]。大尺度气候变化如厄尔尼诺和拉尼娜事件可能对柔鱼产卵水域的环境条件产生影响，从而对资源补充带来间接作用[53]。较少研究将渔场环境因子和气候变化结合起来研究冬春生柔鱼的种群动态。Chen 等(2007)研究表明柔鱼渔场重心位置受厄尔尼诺和拉尼娜事件控制，渔场在厄尔尼诺年份向南移动，在拉尼娜年份向北移动[53]。Igarashi 等(2015)研究了柔鱼秋生群的资源丰度受 PDO 事件的显著影响。尽管已有相关研究涉及环境变化对柔鱼冬春生群体动态影响，但尚未发现 PDO 事件与柔鱼冬春生群体因果关联的研究[168]。因此本研究开展了 PDO 对柔鱼种群波动的影响机制研究。

根据本章第一节研究，2002~2011 年中国柔鱼产量经历较大波动，其中 2002~2006 年 PDO 暖期平均产量为 96087t，而 2007~2011 年 PDO 冷期其平均产量急剧下降，只有 73093t。不同 PDO 时期柔鱼产量的变化给我们抛出了一个有趣的问题，即在这两个 PDO 时期，气候和海洋环境条件发生了怎样的变化导致柔鱼产量和资源水平的变动。因此，本节研究的目的是分析 PDO 现象对柔鱼产卵场和渔场海域内环境变化的影响，估算柔鱼资源补充量受环境影响的变化，定量分析不同 PDO 时期柔鱼适宜的环境范围，捕捞努力量以及栖息地热点海域分布的差异。本研究旨在探索大尺度气候变化和柔鱼资源变动的关联。

4.3.1 材料和方法

4.3.1.1 渔业生产数据

渔业生产数据来自上海海洋大学鱿钓技术组，时间为 2002~2011 年 7~11 月份;海域为 35°~50°N、150°~175°E,即为西北太平洋传统作业渔场,统计内容包括捕捞日期(年和月)、捕捞位置(经度和纬度)、日产量(单位:t)和捕捞努力量(天数)。空间分辨率为 1°×1°。中国鱿钓船在这一海域的产量占了北太平洋柔鱼总产量的 80% 以上,其中 95% 以上为柔鱼冬春生西部群体,无副渔获物[82]。此外,定义柔鱼产卵场为 20°~30°N、130°~170°E[29]。

定义经度、纬度 1°×1° 为一个渔区,按月计算一个渔区内的 CPUE,单位为 t/d。名义 CPUE 的计算公式为

$$\text{CPUE}_{y,m,i} = \frac{\sum C_{y,m,i}}{\sum F_{y,m,i}} \tag{4-5}$$

式中,$\text{CPUE}_{y,m,i}$ 为名义 CPUE;$\sum C_{y,m,i}$ 为一个渔区内所有渔船总产量;$\sum F_{y,m,i}$ 为一个渔区内所有渔船总作业天数;i 为渔区;m 为月份;y 为年份。

4.3.1.2 环境数据和气候指数

环境因子 SST 和 Chl-a 浓度用来代表柔鱼渔场和产卵场的环境条件。混合层深度 MLD 用来验证与柔鱼产卵场 Chl-a 交互作用对柔鱼的影响。数据时间为 2002~2011 年,范围覆盖柔鱼产卵场和渔场海域。数据来源为:①SST 数据来源于夏威夷大学网站(http://apdrc.soest.hawaii.edu/data);②Chl-a 浓度数据来自 NOAA OceanWatch(http://oceanwatch.pifsc.noaa.gov/las/servlets/dataset);③MLD 数据来源于美国环境预报中心(http://apdrc.soest.hawaii.edu/las/v6/dataset)。所有数据均转化为 1°×1° 以匹配渔业数据空间分辨率。

PDO 是一种类 ENSO 事件年代际时间尺度的气候变率强信号,是太平洋海域长期存在并主导的气候变化模态[61]。已有研究说明与 PDO 相关的 SST 年间变化影响北太平洋浮游植物[169]、太平洋鲣鱼[170]以及加利福尼亚龙虾[156]等。PDO 指数定义为北太平洋 20°N 以北海域 SST 经验正交分析第一主分量[59]。本研究中 2002~2011 年各月 PDO 指数来源于美国海洋与大气研究所(http://jisao.washington.edu/pdo/PDO.latest)。

4.3.1.3 柔鱼孵化和摄食条件

对于柔鱼在产卵场孵化和摄食条件,通过分析产卵期 SST、最适产卵面积(SSZ)和 Chl-a 浓度来验证。SSZ 根据产卵月份 1~5 月最适产卵温度计算(21~25℃)[48]。SSZ 的计算通过 Marine Explorer 4.0 软件进行。

4.3.1.4 适宜环境范围和捕捞努力量的分布

PDO 对西北太平洋的生物物理环境具有显著影响[171]。其冷暖期模态的转换会

改变渔场的环境条件,从而影响鱼类种群动态[69]。因此,在不同的 PDO 时期,鱼类对环境的偏好范围可能会发生变化。本研究中,利用经验累积分布函数估算柔鱼在 PDO 冷暖期对 SST 和 Chl-a 的偏好范围[118,123]。ECDF 主要包括以下三个函数

$$f(t) = \frac{1}{n}\sum_{i=1}^{n}l(x_i|t) \qquad (4\text{-}6)$$

其指标函数为

$$l(x_i|t) = \begin{cases} 1 & \text{if } x^i \leqslant t \\ 0 & \text{otherwise} \end{cases} \qquad (4\text{-}7)$$

$$g(t) = \frac{1}{n}\sum_{i=1}^{n}\frac{y_i}{\bar{y}}l(x_i|t) \qquad (4\text{-}8)$$

$$D(t) = \max|f(t) - g(t)| \qquad (4\text{-}9)$$

式中,$f(t)$ 为经验累积频率分布函数;$l(x_i|t)$ 为指标函数;$g(t)$ 为以 CPUE 为权重的累积分布函数;$D(t)$ 为函数 $f(t)$ 和 $g(t)$ 相减后绝对值的最大值,利用非参数统计 K-S 检验进行显著性检验;n 为资料个数;x_i 为每个环境变量对应 i 月的特征值;t 为分组环境因子值;y_i 为第 i 月的月平均 CPUE 值;$\bar{y}$ 为月平均 CPUE 的平均值;max 为函数 $f(t)$ 和 $g(t)$ 相减后绝对值的最大值,即表示此时 CPUE 与此环境值相关性最大。

捕捞努力量通常代表鱼类获取或出现的指数[123],与环境变化息息相关[112]。本研究通过频率分布分析研究 2002~2006 年 PDO 暖期和 2007~2011 年 PDO 冷期捕捞努力量在经度和纬度上分布的差异。

4.3.1.5 栖息地热点

大洋性鱼类的栖息地热点受气候变化和渔场环境条件影响[135]。Zainuddin 等(2006)通过卫星遥感数据使用环境变量 SST 和 Chl-a 浓度预测了金枪鱼的栖息地热点,本章根据其方法绘制 2002~2011 年各年柔鱼渔场综合环境概率分布图,据此探索柔鱼栖息地热点海域在不同 PDO 时期的变化情况[122]。

各年综合环境概率分布图由 7~11 月各月概率平均所得。通常情况下,柔鱼热点出现在概率高的海域,代表最适宜的栖息地。渔业数据与概率分布图叠加来验证作业位置处的概率分布情况。线性回归模型分析所有渔区的 CPUE 与概率关系。此外,进一步绘制 PDO 暖期和冷期概率分布图来探讨 PDO 模态变化对柔鱼最适宜栖息地的影响。

4.3.2 结果

4.3.2.1 PDO 指数和环境条件的关系

以月为时间尺度单位,根据交相关分析结果,2002~2011 年 PDO 变化对柔

鱼产卵场和渔场中的环境因子产生显著性影响（$P<0.05$），且具有滞后性（表4-3）。结果表明，产卵场和渔场 SST 与 PDO 指数显著负相关，滞后时间均为 0 月，相关系数分别为 -0.202 和 -0.292；而产卵场合渔场 Chl-a 滞后 PDO 指数 0 月和 4 月，呈正相关关系，相关系数分别为 0.342 和 0.228。

表 4-3 2002~2011 年 PDO 指数与产卵场和渔场环境条件的交相关分析

	产卵场		渔场	
	SST	Chl-a	SST	Chl-a
PDO 指数	-0.202(0 月)	0.342(0 月)	-0.292(0 月)	0.228(4 月)

注：表格中只包括产生最高相关系数的显著交相关关系，括号中为滞后时间

4.3.2.2 不同 PDO 时期产卵场环境变化

1~5 月柔鱼产卵场平均 SST 最低为 2011 年的 23.14℃，最高为 2008 年的 24.02℃。2002~2006 年 PDO 暖期 1~5 月平均 SST 为 23.55℃，各年平均 SST 较为稳定，同样，CPUE 的变化较为平缓。而 PDO 冷期 1~5 月平均 SST 为 23.57℃，但 SST 年间波动大，CPUE 的年间变化同样较大（图 4-19）。相关分析表明产卵场 1~5 月 SST 平均值与各年 CPUE 相关性不显著（$R=0.166$，$P=0.323$）。

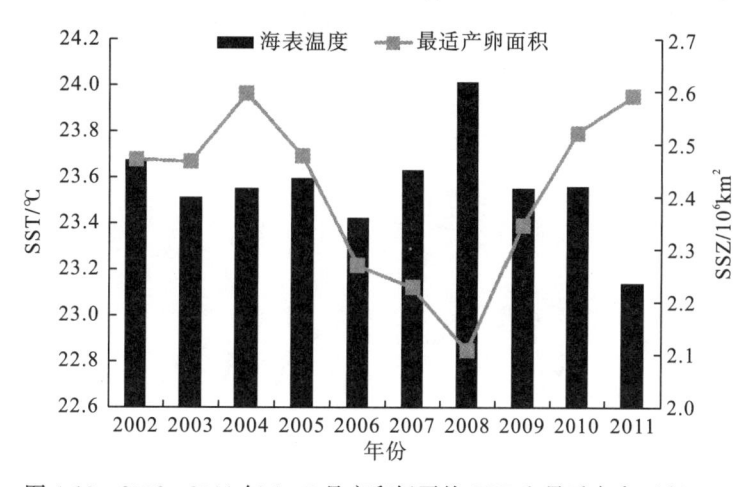

图 4-19 2002~2011 年 1~5 月产卵场平均 SST 和最适产卵面积 SSZ

图 4-20 显示了柔鱼产卵场中最高和最低适宜产卵场面积的样图。1~5 月 SSZ 年间变化明显，最低为 2008 年的 2107914km^2，最高为 2004 年的 2596782km^2。PDO 暖期各年 SSZ 呈下降趋势，平均 SSZ 为 2456505km^2；PDO 冷期各年 SSZ 呈上升趋势，平均 SSZ 为 2358904km^2（图 4-19）。研究发现产卵场各年 SSZ 与 SST 呈显著负相关（$R=-0.631$，$P=0.025$），但与 CPUE 相关性不显著（$R=-0.246$，$P=0.247$）。

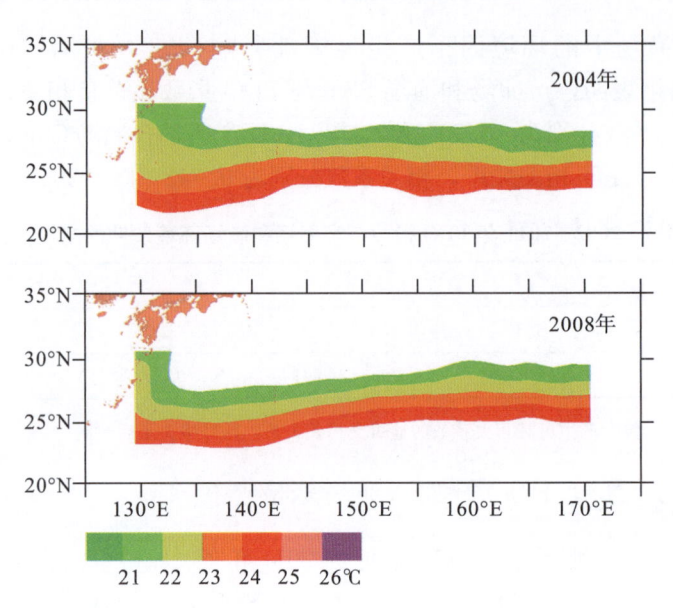

图 4-20　2004 年和 2008 年的 1～5 月产卵场最适产卵区域示意图

从 2002～2011 年 1～5 月 Chl-a 时间序列图中可以看出，柔鱼产卵场 Chl-a 浓度呈线性下降趋势（$R^2=0.156$，$P=0.005$）（图 4-21）。各年 1～5 月平均 Chl-a 最低为 2010 年的 0.075mg/m^3，最高为 2004 年的 0.104mg/m^3，有逐年降低趋势。PDO 暖期的 Chl-a 浓度显著高于 PDO 冷期 Chl-a 浓度，其平均值分别为 0.098mg/m^3 和 0.082mg/m^3。一般较高的 Chl-a 浓度对应了较高的 CPUE，但 2007 年 CPUE 例外，其对应了相对较低的 Chl-a 浓度。2002～2011 年 1～5 月 CPUE 与 Chl-a 浓度呈正相关（$R=0.487$，$P=0.077$），但统计上不显著。移除 2007 年的异常值，结果发现两者存在显著正相关关系（$R=0.629$，$P=0.035$）。

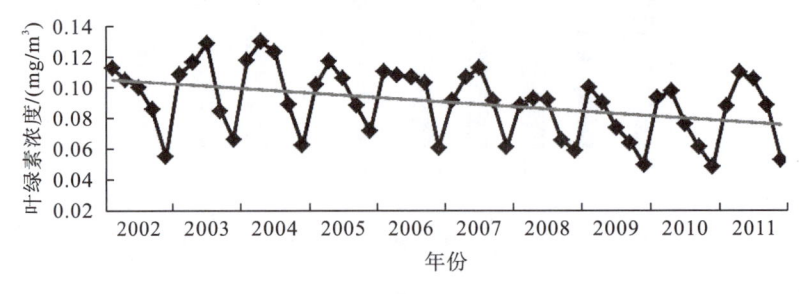

(a)

(b)

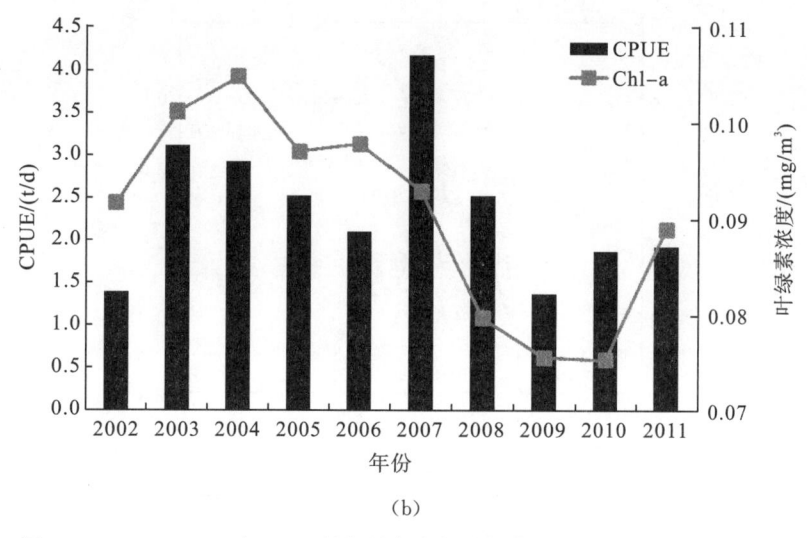

图 4-21 2002~2011 年 1~5 月各月产卵场叶绿素浓度以及对应各年 CPUE

为描述产卵场 MLD 对 Chl-a 浓度变化的影响,进一步分析了 MLD 与 Chl-a 之间的关系。线性回归分析表明 1~5 月 MLD 与 Chl-a 正相关,统计检验极显著 ($F=135.236$,$R^2=0.738$,$P<0.001$)(图 4-22)。

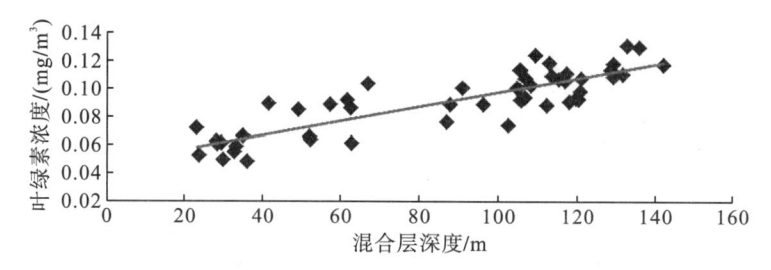

图 4-22 2002~2011 年 1~5 月各月叶绿素浓度和混合层深度的关系

4.3.2.3 不同 PDO 时期柔鱼对环境偏好的变化

利用 ECDF 方法估算了 PDO 冷暖期内柔鱼偏好的环境范围(图 4-23 和图 4-24)。累积曲线 $f(t)$ 和 $g(t)$ 差异性显著($P<0.05$)。结果显示,PDO 暖期适宜的 SST 为 16.4~17.8℃,适宜的 Chl-a 为 0.36~0.60mg/m³。当 SST 为 17.3℃,或 Chl-a 为 0.57mg/m³,CPUE 与各环境变量相关性最强;而 PDO 冷期适宜的 SST 为 17.5~19.4℃,适宜的 Chl-a 为 0.18~0.61mg/m³,当 SST 为 17.9℃,或 Chl-a 为 0.21mg/m³,CPUE 与各环境变量相关性最强。

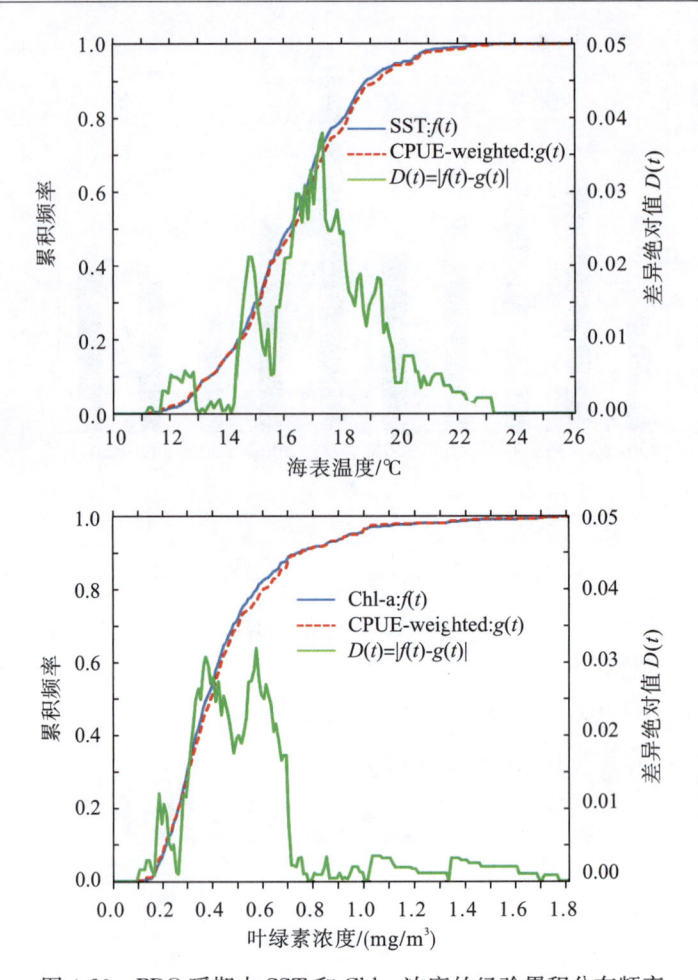

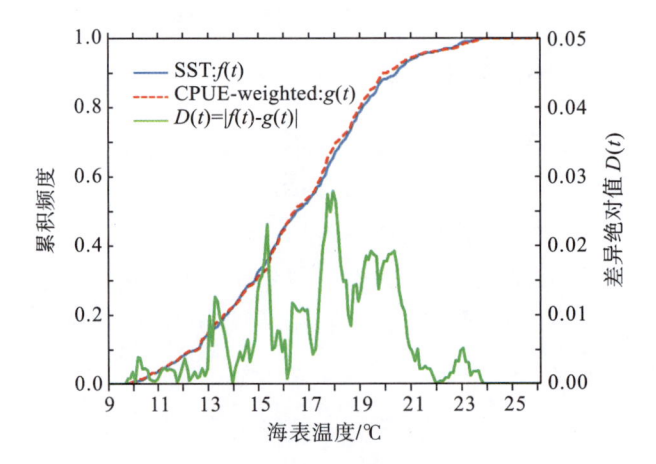

图 4-23　PDO 暖期内 SST 和 Chl-a 浓度的经验累积分布频率

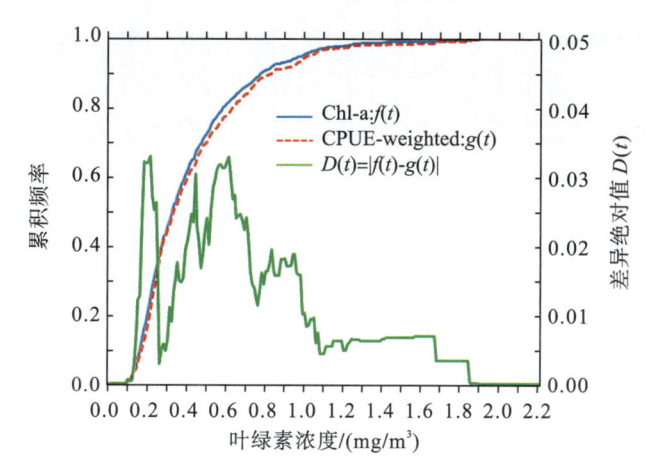

图 4-24　PDO 冷期内 SST 和 Chl-a 浓度的经验累积分布频率

4.3.2.4　不同 PDO 时期捕捞努力量的时空分布变化

PDO 暖期，捕捞努力量主要分布在 SST 为 14~18℃、Chl-a 为 0.2~0.5mg/m³ 的海域，最高频次捕捞努力量位于 SST 为 15℃、Chl-a 为 0.3mg/m³ 的海域(图 4-25)。PDO 冷期，捕捞努力量主要分布在 SST 为 15~20℃、Chl-a 为 0.2~0.5mg/m³ 的海域，最高频次捕捞努力量位于 SST 为 18℃、Chl-a 为 0.2mg/m³ 的海域(图 4-26)。

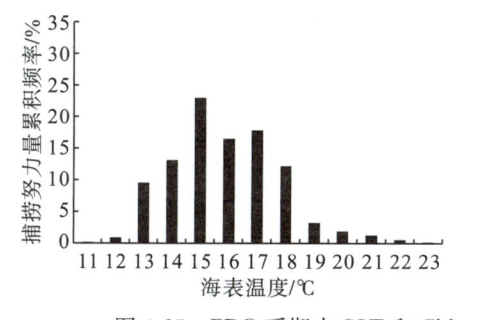

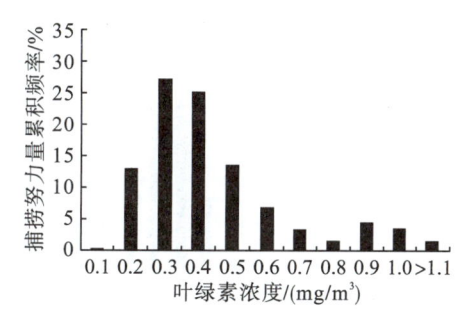

图 4-25　PDO 暖期内 SST 和 Chl-a 浓度与捕捞努力量频率分布的关系

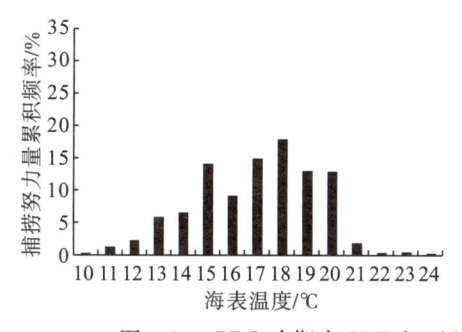

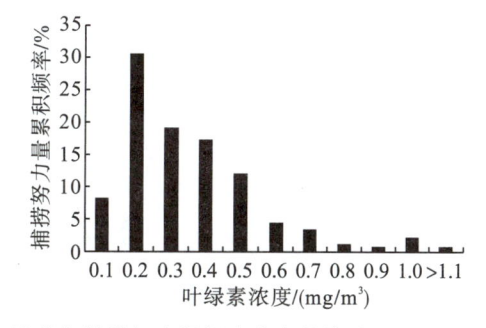

图 4-26　PDO 冷期内 SST 和 Chl-a 浓度与捕捞努力量频率分布的关系

在不同 PDO 时期，捕捞努力量显示出不同的空间分布。在 PDO 暖期，捕捞努力量主要分布经度为 152.5°~158.5°E，其次分布在 167.5°~168.5°E；纬度主要为 40.5°~43.5°N（图 4-27）。而在 PDO 冷期，捕捞努力量主要分布的经度和纬度为 153.5°~159.5°E 和 42.5°~43.5°N（图 4-28）。

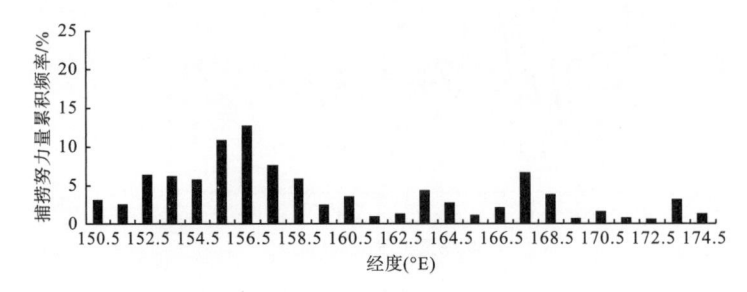

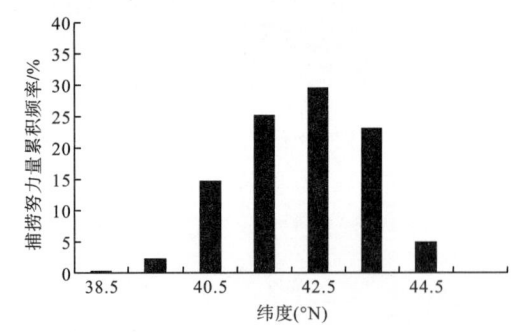

图 4-27 PDO 暖期内捕捞努力量在经度和纬度上的分布

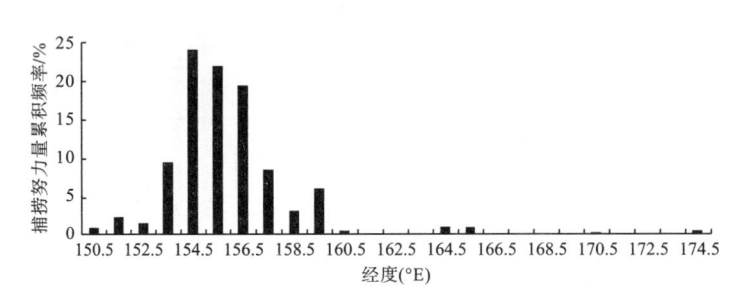

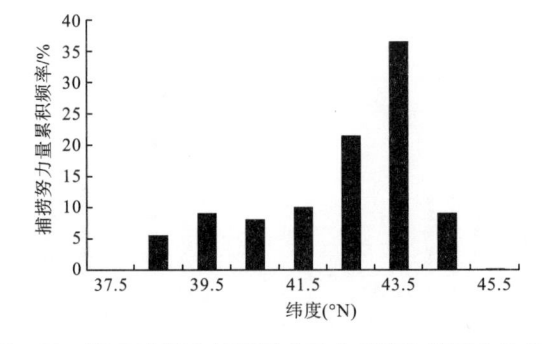

图 4-28 PDO 冷期内捕捞努力量在经度和纬度上的分布

4.3.2.5 不同PDO时期柔鱼热点海域时空分布变化

本研究绘制2002~2011年7~11月综合环境概率分布图，考虑了CPUE和捕捞努力量两个代表柔鱼资源丰度或出现率的因子，环境变量包括SST和Chl-a。从图4-29中看出，CPUE位置大部分集中在概率大于0.6的海域。较高概率(>0.8)出现在2002~2008年以及2010年。然而2009年和2011年渔场的概率较低。CPUE随概率的增加而上升，回归分析表明除了9月份，其余月份CPUE与概率存在显著正相关关系，其中7月和8月两者相关系数偏小(图4-30)。此外，研究发现PDO暖期渔场的概率和CPUE显著高于PDO冷期渔场的概率和CPUE(图4-31)。

4.3.3 讨论与分析

柔鱼科种类作为环境依赖的机会主义物种，其资源分布和丰度对海洋物理过程和气候变化极度敏感[1]。柔鱼资源经历着不同的时空改变，且受到PDO长期气候变化影响[163,172]。本研究最先基于交叉相关分析研究2002~2011年PDO现象对柔鱼渔场和产卵场温度和生产力水平的影响(表4-3)，研究发现PDO指数与低SST和Chl-a分别呈显著的负相关和正相关。这表明，PDO暖期给柔鱼提供了较低的水温和较多的食物饵料，而PDO冷期则提供较高的水温和低的食物丰度。SST和Chl-a分别滞后PDO 0和4个月，说明渔场和产卵场的环境条件对大尺度气候变化短时间内迅速反应，从而导致柔鱼资源丰度和分布的变化。

柔鱼科种类是一种短生命周期的种类，具有产卵后立即死亡的特点，其种群资源量大小很大程度上取决于补充量的多少，而补充量主要取决于其早期生活阶段的孵化和摄食条件[8]。Rosa等(2011)说明了太平洋褶柔鱼资源补充量的变化主要是由于产卵场长期SST变化导致[11]。Roberts(2005)将枪乌贼补充量的变化归因于厄加勒斯浅滩东部海域水层底部温度、溶解氧、Chl-a和桡足类生物丰度的影响[173]。本研究首先检验了柔鱼产卵场1~5月SST和SSZ，研究表明两者均与CPUE无显著关系。然而，Cao等(2009)研究发现1995~2004年柔鱼产卵场有利的SST面积比例与CPUE存在正相关，与本研究的结论不一致，这可能是由于计算方法和数据来源不同所致[121]。另外发现PDO暖期和冷期内的SST和SSZ分别较为稳定和显著波动，这对应了各PDO时期CPUE的变化。产卵场SST和SSZ存在负相关性，未来应结合两者的交互作用探究对柔鱼资源补充的影响。

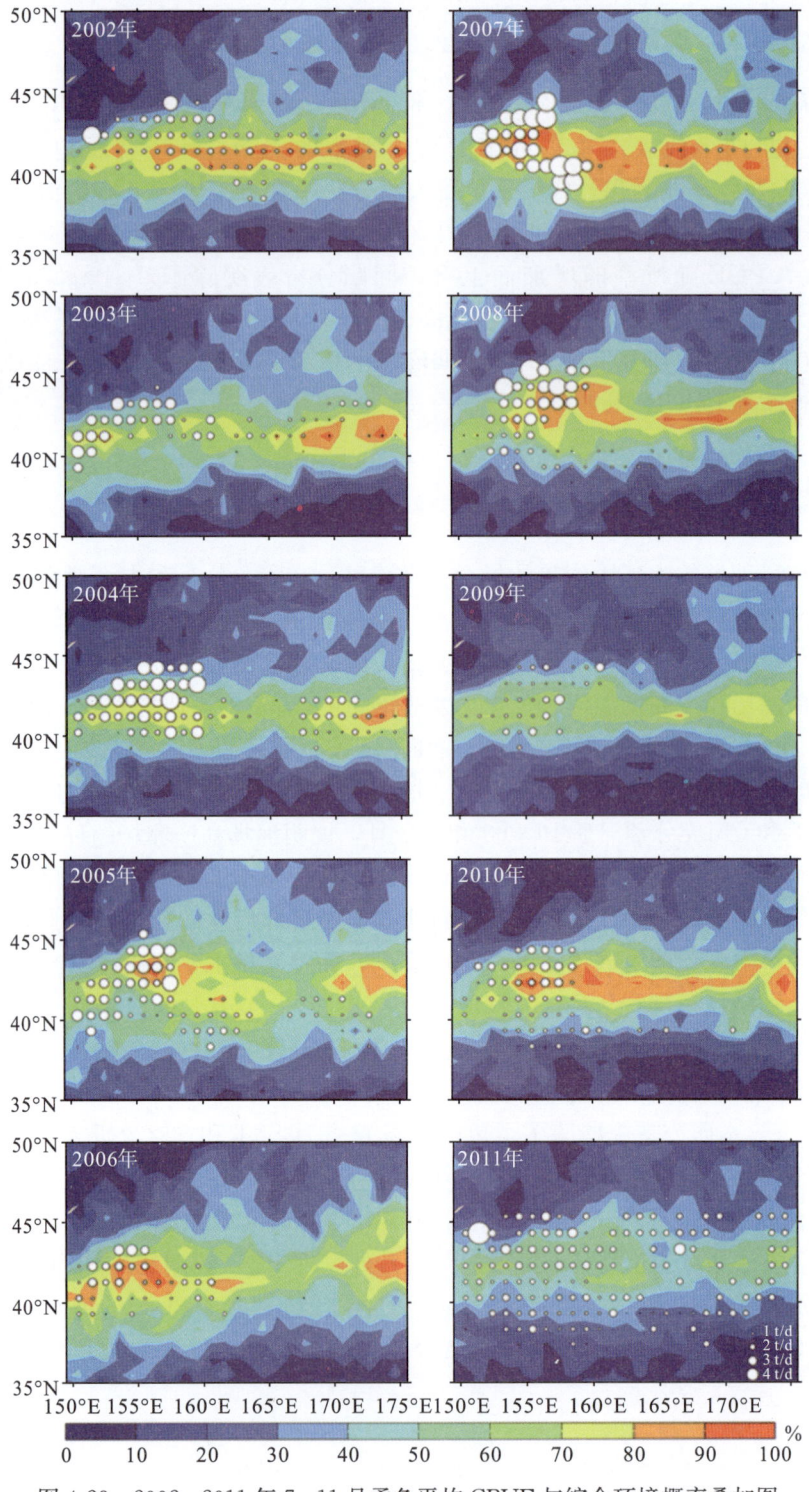

图 4-29　2002～2011 年 7～11 月柔鱼平均 CPUE 与综合环境概率叠加图

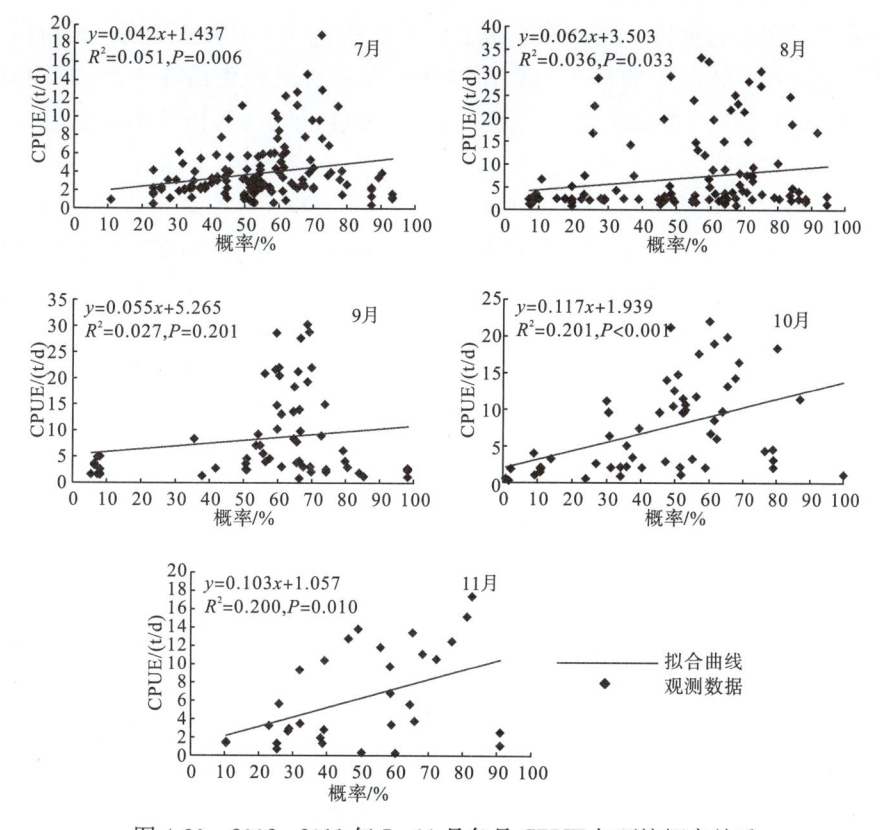

图 4-30　2002~2011 年 7~11 月各月 CPUE 与环境概率关系

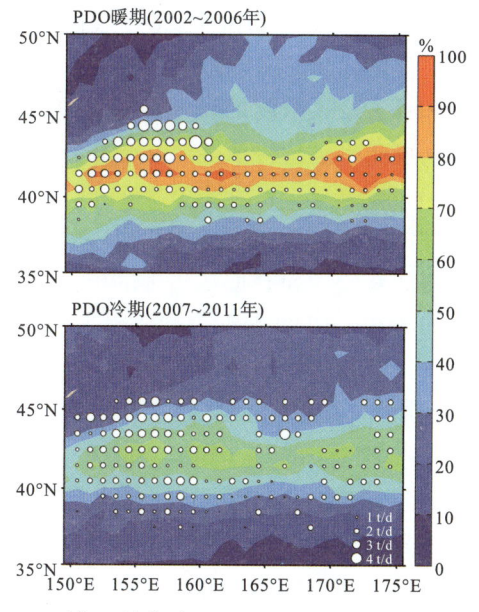

图 4-31　PDO 暖期和冷期内柔鱼 CPUE 叠加综合环境概率分布图

柔鱼仔幼鱼的食物环境对种群动态至关重要[57,97]。柔鱼在早期生活阶段主要摄食甲壳类和一些微小弱泳生物，而这些主要饵料生物生活在生产力较高的水域，即Chl-a浓度高的海域[47]。因此，Chl-a浓度可以作为检验柔鱼摄食环境的指标因子。本研究发现2002~2011年1~5月柔鱼产卵场Chl-a浓度呈线性下降趋势，PDO暖期环境生成较高的Chl-a浓度，而PDO冷期环境促使Chl-a浓度锐减。除了2007年之外，发现CPUE变化与产卵场Chl-a浓度变化显示出较好的一致性，这可能说明柔鱼产卵场Chl-a浓度是柔鱼资源补充量变化的主要驱动因子之一。除了PDO对Chl-a产生影响之外，研究发现产卵场MLD的变化对Chl-a产生显著作用。本研究发现的MLD和Chl-a正相关关系与Nishikawa等(2014)[97]结果一致。Chl-a浓度发生变化的原因可能是PDO暖期内相对更深的MLD提供充足的营养盐促进光合作用，从而引起Chl-a升高，给柔鱼仔幼鱼提供较好的摄食环境；而PDO冷期MLD异常变低引发Chl-a降低，成为柔鱼资源补充量减少的关键因素。

柔鱼的分布和丰度大小受渔场SST和Chl-a浓度影响[9]，而柔鱼最适宜的SST和Chl-a可能随渔船作业时间、作业位置和捕捞深度而变化。Chen和Liu(2006)推断出150°~160°E渔场5~11月的适宜SST分别为12~14℃、15~16℃、14~16℃、18~19℃、16~17℃、15~16℃和12~13℃[102]。Fan等(2009)基于广义加性模型(GAM)分析认为柔鱼有利的SST和Chl-a分别为15~17℃和0.12~0.14mg/m³[128]。Tian等(2009)[112]通过栖息地指数模型分析得出柔鱼适宜栖息地各水层温度特征SST为16.6~19.6℃，35m水深温度为5.8~12℃，317m水深温度为3.4~4.8℃。本研究结果说明由于PDO气候模态的变化，柔鱼对适宜SST和Chl-a范围也产生变化。和PDO暖期相比，发现在PDO冷期时，较高的CPUE更多出现于暖水和低Chl-a浓度的海域。这种差异可能是由于PDO气候模态改变，柔鱼对渔场环境条件适应性改变，其分布发生变化，因此适宜栖息地位置也产生了相应变动。

捕捞努力量高频出现的海域说明该区域柔鱼出现的概率高，可能是资源丰度较高的水域，因此捕捞努力量是柔鱼获取或出现的指标[112]。对比分析PDO暖期和冷期捕捞努力量的分布差异，PDO暖期内捕捞努力量主要分布在低温和Chl-a浓度高的海域，这结果与ECDF分析CPUE与两个变量关系的结论一致。需要注意的是在PDO两个时期内，捕捞努力量对于叶绿素的分布差异较小，频率分布图显示两者70%以上的捕捞努力量其Chl-a浓度为0.2~0.5mg/m³。此外，发现PDO暖期内捕捞努力量在经度和纬度上的分布较为分散，而在PDO冷期内捕捞努力量更为集中，可能导致了柔鱼产量发生差异。

构建大洋性鱼类的环境概率分布图预测栖息地热点有助于估算大尺度气候变化和局部海域环境条件对适宜栖息地不同时间尺度的影响[118,122]。利用卫星遥感数据，我们估算了柔鱼偏好的 SST 和 Chl-a 范围，基于以上分析，结合以上两个环境因素可以探测潜在的柔鱼资源丰度高的海域。研究发现，柔鱼 CPUE 与概率显著正相关($P<0.05$)(图 4-30)，这表明利用适宜的 SST 和 Chl-a 预测柔鱼栖息地热点位置是合理和正确的。2002~2011 年渔场内高概率海域年间变化显著，2002~2008 年和 2010 年渔场概率高，除了 2002 年和 2010 年之外，这些年份渔场 CPUE 均较高，资源丰度高。而 2009 年和 2011 年渔场低的概率对应了较低的 CPUE(图 4-29)。进一步研究发现 PDO 暖期渔场概率明显高于 PDO 冷期，且 CPUE 高值对应了渔场中较高的概率，相反 PDO 冷期内渔场概率降低，导致了该时期内 CPUE 骤降(图 4-31)。以上结论说明了 PDO 的模态转换和渔场海域内环境条件的改变对柔鱼热点海域产生显著的影响。

尽管 2002 年和 2010 年渔场平均概率较高，但这两年 CPUE 却异常低。我们发现 2002 年和 2010 年的作业位置普遍分布的概率为 0.2~0.7，导致 CPUE 低的原因可能是作业位置与柔鱼栖息地热点的不匹配，而 2009 年和 2011 年其 CPUE 变低的原因可能是柔鱼栖息地热点海域的减少。

大洋性鱼类的生理机能受水温条件控制，温度改变会影响鱼类的分布，导致鱼类移动和迁徙[119]。研究发现 2002~2006 年 PDO 暖期和 2007~2011 年 PDO 冷期内 SST 变化幅度更大，而 Chl-a 浓度变化幅度较小，我们认为导致柔鱼栖息地热点变化的主要因子是 SST。当然，本研究在第 4 章前两节的基础上只考虑了 SST 和 Chl-a 两个环境变量，未来将会考虑更多的环境条件来研究对柔鱼栖息地热点海域的影响。

综合以上内容，本章提出了 PDO 影响西北太平洋柔鱼冬春生群体资源变动的可能机制(图 4-32)。西北太平洋柔鱼产量年间变化显著，其资源大小变化可能有三个主导因素，即产卵场资源补充环境、渔场内捕捞努力量的分布和栖息地热点的时空变化。早期补充成功率主要与孵化和摄食环境有关。以柔鱼产卵场 SST 和 SSZ 为代表的柔鱼仔幼鱼孵化条件是导致资源补充量变化的必要条件，但不能充分解释。产卵场 Chl-a 浓度变化改变了柔鱼的摄食环境，是资源补充量变化的主要因素。柔鱼栖息地热点和捕捞努力量的分布主要由柔鱼偏好的环境范围和捕捞作业行为决定。此外，柔鱼产卵场和渔场生物物理环境变动受北太平洋大尺度气候影响，即 PDO 气候模态主导了亚热带和亚北极海域的物理和生物环境条件。总之，柔鱼资源丰度的变动是大尺度气候变化和局部海域环境变化以及渔船作业分布交互作用的结果。

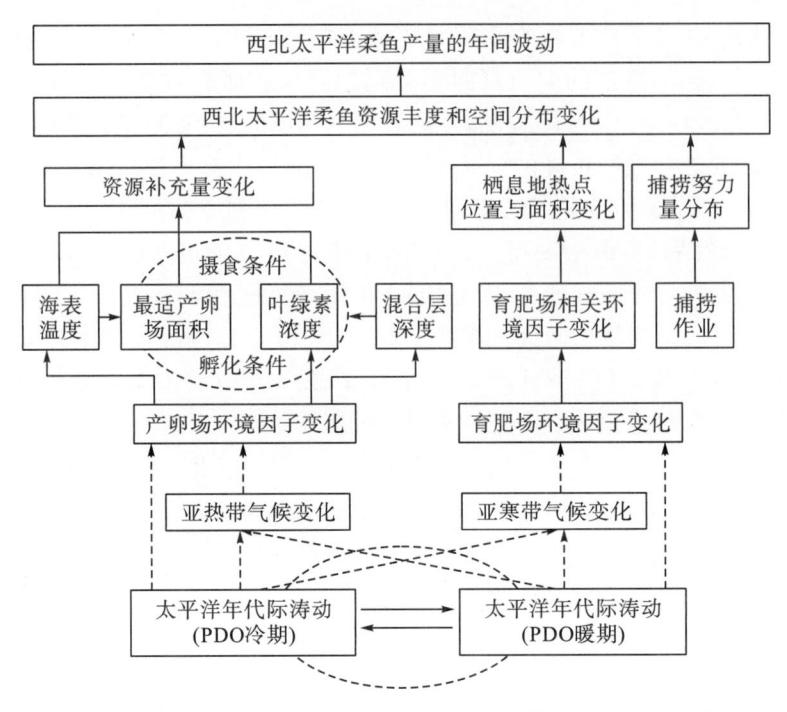

```
                    ┌─────────────────────────────┐
                    │  西北太平洋柔鱼产量的年间波动  │
                    └─────────────────────────────┘
                                  ↑
                    ┌─────────────────────────────┐
                    │西北太平洋柔鱼资源丰度和空间分布变化│
                    └─────────────────────────────┘
                      ↑              ↑          ↑
              ┌──────────┐   ┌──────────┐  ┌────────┐
              │资源补充量变化│   │栖息地热点  │  │捕捞努力│
              │          │   │位置与面积变化│  │量分布  │
              └──────────┘   └──────────┘  └────────┘
```

图 4-32　气候和海洋环境变化影响柔鱼资源丰度潜在机制的示意图

辨别影响大洋鱼类时空分布最关键的环境因素是有效管理渔业必不可少的步骤[165]。本研究的结果显示大尺度气候变化和局部海域环境共同作用导致柔鱼资源丰度和分布的变化。由于鱼类对气候变化和模态转换的影响不同，需要判断哪一个气候模态是形成有利的柔鱼栖息地，以及气候变化与各环境因子作用对柔鱼种群产生哪些影响及其过程。本研究虽然对影响柔鱼资源补充量和种群动态的因素有所认识，但仍需要开展一些实验研究来了解孵化和摄食条件对柔鱼早期生活史影响的过程，探索更精确的方法寻找柔鱼最适栖息地分布以及充分开发热点海域。总的来说，本研究能够提高对柔鱼种群变动原因的理解，为准确预测与气候相关柔鱼栖息地分布提供科学基础。

4.3.4　小结

2002~2011 年西北太平洋柔鱼冬春生西部群体资源量水平变动与太平洋年代际涛动(PDO)事件模态转变同时发生变化。为研究 PDO 和渔场海洋环境对柔鱼资源丰度影响机制，本研究主要分析了不同 PDO 时期柔鱼产卵场资源补充条件，渔场环境偏好范围，捕捞努力量分布和栖息地热点分布变化。研究发现，PDO 事件对于柔鱼栖息相关的生物物理环境条件起到调控决定作用。相关分析表明产卵场 SST 平均值与各年 CPUE 相关性不显著，产卵场各年 SSZ 与 SST 呈显著负相关，但与 CPUE 相关性不显著，这说明以 SST 和适宜产卵面积作为柔鱼孵化条件的指标对柔鱼补充量变化影响不显著。然而除 2007 年外较高的 Chl-a 浓度对应了较高的 CPUE，因此以产卵场 Chl-a 浓度作为摄食环境的指标变化是影响柔鱼资源补充量的主要因子。和 PDO 冷期相比，PDO 暖期内捕捞努力量主要占据低温 SST 和较高浓度 Chl-a。冷期 PDO 捕捞努力量相对更集中，且向西或向北偏移。此外，PDO 暖期生成的柔鱼栖息地热点海域面积明显增加。研究表明，西北太平洋柔鱼西部群体资源动态可能由产卵场食物丰度、渔场 SST 和 Chl-a 浓度以及捕捞努力量分布来解释，其变动主要由 PDO 事件和局部海域环境变化相互作用共同驱动。

第5章 厄尔尼诺和拉尼娜条件下柔鱼适宜栖息地和净初级生产力的差异比较

5.1 厄尔尼诺和拉尼娜条件下柔鱼适宜栖息地比较研究

栖息地指数模型(habitat suitability index, HSI)最早由美国地质勘探局下属的鱼类与野生生物署于20世纪80年代初提出，用来描述野生动物的栖息地质量[174]，随后HSI模型被广泛地应用于物种的管理和生态恢复研究[175]以及大洋性鱼类的渔场分析[176]。HSI模型结合地理信息系统技术被广泛用来进行渔业资源开发、评估和科学管理，成为渔业科学研究的重要方法之一[177]。已有大量研究利用HSI方法评估渔业栖息地适宜性与环境变化的关联。例如Chang等(2013)构建了大西洋赤道海域箭鱼的HSI模型，评估海洋条件和气候变化对箭鱼栖息地的影响[119]。结果发现，箭鱼最佳栖息地的空间移动与南方涛动和北大西洋振荡紧密联系。HSI模型曾被用来定义柔鱼最适环境变量范围和寻找最佳渔场的位置分布[112]，然而甚少研究利用HSI模型估算柔鱼适宜栖息地的时空变动和气候环境变化的关系。要了解西北太平洋柔鱼冬春生西部群体适宜栖息地如何响应环境年际变化，特别是异常环境条件，当前的研究还存在相当的局限性。

近几年来，西北太平洋柔鱼产量和海洋环境波动明显。以往的研究也表明柔鱼资源丰度的变化可能与中尺度环境变化(厄尔尼诺和拉尼娜事件)有所关联[53]。因此利用HSI模型延伸前人研究，对比分析不同异常环境条件下(即典型的拉尼娜、正常气候和厄尔尼诺)柔鱼栖息地适宜性的变化极为重要。本章研究假设柔鱼渔场的HSI随不同环境条件变化而变化，捕捞努力量的分布与最佳栖息地位置相关。大量的研究表明柔鱼的分布与资源密度受海洋环境变量的强烈影响，如SST、SSS、SSHA和Chl-a。因此本章研究利用上述相关的环境变量构建柔鱼HSI模型。研究目的在于探讨柔鱼栖息地与渔场环境条件的关系，以及定量估算厄尔尼诺和拉尼娜事件对柔鱼适宜栖息地时空变化的影响。

5.1.1 材料和方法

5.1.1.1 渔业生产数据

渔业生产数据来自上海海洋大学鱿钓技术组,时间为1998~2010年7~11月份。海域为35°~50°N、150°~175°E,统计内容包括捕捞日期(年和月)、捕捞位置(经度和纬度)、日产量(单位:t)和捕捞努力量(作业天数)。渔业数据空间分辨率为1°×1°。

定义单位捕捞努力量渔获量(CPUE)为柔鱼资源丰度的指标因子[120,121]。以经纬度1°×1°为一个渔区,按月计算一个渔区内的CPUE,单位为t/d。其公式为

$$\text{CPUE}_{ymij} = \frac{C_{ymij}}{F_{ymij}} \tag{5-1}$$

式中,CPUE_{ymij}为名义CPUE;C_{ymij}为一个渔区内所有渔船总产量;F_{ymij}为一个渔区内总捕捞努力量,即统计一个渔区内所有渔船总作业天数;i为经度;j为纬度;m为月份;y为年份。

5.1.1.2 环境数据和气候指数

研究基于可能对柔鱼栖息地分布产生显著影响的考量,环境变量选择SST、Chl-a、SSHA和SSS[108,112]。其中SST数据来源于夏威夷大学网站(http://apdrc.soest.hawaii.edu/data),空间分辨率为1°×1°;SSS数据来源于美国国家环境预报中心(http://apdrc.soest.hawaii.edu/las/v6/dataset),空间分辨率为1°×1/3°;SSHA和Chl-a浓度数据来源于NOAA Ocean-Watch数据库(http://oceanwatch.pifsc.noaa.gov/las/servlets/dataset),空间分辨率分别为0.25°×0.25°和0.1°×0.1°。环境数据范围覆盖整个渔场区域。所有的环境数据全部转化为1°×1°以匹配渔业数据。Niño 3.4区SSTA数据来源于美国NOAA气候预报中心(http://www.cpc.ncep.noaa.gov/)。

5.1.1.3 栖息地指数模型构建方法

通常捕捞努力量和CPUE分别代表柔鱼出现率或资源丰度的指标因子均可用于构建HSI模型[58,178]。然而根据Tian等的研究发现基于捕捞努力量的HSI模型结果明显优于基于CPUE的HSI模型[112]。因此,本章利用捕捞努力量与渔场环境条件的关系计算柔鱼的适宜性指数SI。依据捕捞努力量在各环境变量不同范围内的频率分布,计算各环境变量在不同范围内柔鱼出现的概率。7~11月各环境变量SI计算公式为[179]

$$\mathrm{SI} = \frac{\mathrm{Effort}_i}{\mathrm{Effort}_{i,\max}} \tag{5-2}$$

式中，Effort_i 为环境变量第 i 区间内总捕捞努力量；$\mathrm{Effort}_{i,\max}$ 为环境变量第 i 区间内最大总捕捞努力量。

假定最低捕捞努力量分布的作业位置为柔鱼最不适宜的栖息地，认定其 SI=0，即该海域代表了最不利的环境条件；而最高捕捞努力量分布的作业位置为最适宜的柔鱼栖息地，认定其 SI=1，即该海域代表了最有利的环境条件[180]。然后利用估算的 SI 和各个环境变量分段区间值拟合 SI 模型。SI 与环境变量的关系可通过正态函数分布法定量分析，各环境变量的分布函数[181]分别表示为

$$\mathrm{SI}_{\mathrm{SST}} = a\,\exp[b(X_{\mathrm{SST}} - c)^2] \tag{5-3}$$

$$\mathrm{SI}_{\mathrm{Chl\text{-}a}} = a\,\exp[b(X_{\mathrm{Chl\text{-}a}} - c)^2] \tag{5-4}$$

$$\mathrm{SI}_{\mathrm{SSHA}} = a\,\exp[b(X_{\mathrm{SSHA}} - c)^2] \tag{5-5}$$

$$\mathrm{SI}_{\mathrm{SSS}} = a\,\exp[b(X_{\mathrm{SSS}} - c)^2] \tag{5-6}$$

式中，a、b 和 c 为模型中估计的参数；X_{SST}、$X_{\mathrm{Chl\text{-}a}}$、$X_{\mathrm{SSHA}}$ 和 X_{SSS} 为对应环境变量值。

定义 SI≥0.6 时对应的环境变量范围为柔鱼适宜的环境范围[112,119]。本研究利用 DPS 软件求解所有环境因子与 SI 的关系模型。

分别利用算术平均法（arithmetic mean model，AMM）和几何平均法（geometric mean model，GMM）计算综合栖息地适宜性指数[182,183]。AMM 和 GMM 模型表达式分别为

$$\mathrm{HSI}_{\mathrm{AMM}} = \frac{1}{n}\sum_{i=1}^{n}(\mathrm{SI}_{\mathrm{SST}} + \mathrm{SI}_{\mathrm{Chl\text{-}a}} + \mathrm{SI}_{\mathrm{SSHA}} + \mathrm{SI}_{\mathrm{SSS}}) \tag{5-7}$$

$$\mathrm{HSI}_{\mathrm{GMM}} = \sqrt[n]{\prod_{i=1}^{n}(\mathrm{S}_{\mathrm{SST}}, \mathrm{SI}_{\mathrm{Chl\text{-}a}}, \mathrm{SI}_{\mathrm{SSHA}}, \mathrm{SI}_{\mathrm{SSS}})} \tag{5-8}$$

式中，$\mathrm{SI}_{\mathrm{SST}}$、$\mathrm{SI}_{\mathrm{Chl\text{-}a}}$、$\mathrm{SI}_{\mathrm{SSHA}}$ 和 $\mathrm{SI}_{\mathrm{SSS}}$ 为对应各环境变量的 SI；n 为综合 HSI 模型的环境变量个数。综合栖息地适宜性指数值为 0~1。

5.1.1.4 模型的选择和验证

利用 1998~2009 年的渔业生产数据和环境数据构建综合 HSI 模型。将预测的 HSI 划分成 5 个区间，分别为：[0.0, 0.2]，[0.2, 0.4]，[0.4, 0.6]，[0.6, 0.8] 和 [0.8, 1.0]。统计每个 HSI 区间的 CPUE 和捕捞努力量所占比例。理论上，大多数的捕捞努力量分布在 HSI 较高的海域，而极少捕捞努力量会出现在柔鱼资源偏少的栖息地。捕捞努力量比例应随 HSI 增加而增大，但平均 CPUE 可能有所振荡[135]。基于以上理论，对比分析 AMM 和 GMM 模型的结果，从中选择一个更优模型来预测柔鱼栖息地适宜性指数值。此外，将 2010 年环境数据作为 AMM 模型和 GMM 模型的输入条件分别预测该年 7~11 月的柔鱼

渔场 HSI，对两个模型进行测试和交叉验证。同时将 2010 年捕捞努力量比例与预测 HSI 分布图进行叠加，观察渔业数据与预测值是否匹配吻合，最终综合所有结果选择最优模型。

5.1.1.5 不同环境条件下柔鱼栖息地适宜性的估算

本研究中将厄尔尼诺和拉尼娜事件视为异常环境。依据 NOAA 对厄尔尼诺/拉尼娜事件的定义：Niño 3.4 区 SSTA 连续 5 个月滑动平均值超过＋0.5℃，则认为发生一次厄尔尼诺事件；若连续 5 个月低于 0.5℃，则认为发生一次拉尼娜事件[53]（http：//www.cpc.ncep.noaa.gov/products/analysis_monitoring/ensostuff/ensoyears.shtml）。为了对比验证环境变化对柔鱼资源分布和丰度的影响，选择三个典型代表年份，对应着极高产量（1998 年）、平均产量（2008 年）和极低产量（2009 年），分析这三年柔鱼栖息地适宜性的变化情况。基于对异常环境事件的定义，1998 年、2008 年和 2009 年共发生厄尔尼诺事件 2 次，分别在 1998 年 1～5 月和 2009 年 6～12 月；发生拉尼娜事件 3 次，分别在 1998 年 7～12 月、2008 年 1～4 月和 2008 年 12 月～2009 年 3 月（图 5-1）。本章研究考虑到资料的同步性，分别选取 1998 年、2008 年和 2009 年 7～11 月份作为研究阶段，即 1998 年 7～11 月对应拉尼娜事件，2008 年 7～11 月为正常年份，2009 年 7～11 月对应厄尔尼诺事件，探讨这三个年份在以上三种环境条件下柔鱼栖息地适宜性指数变化。

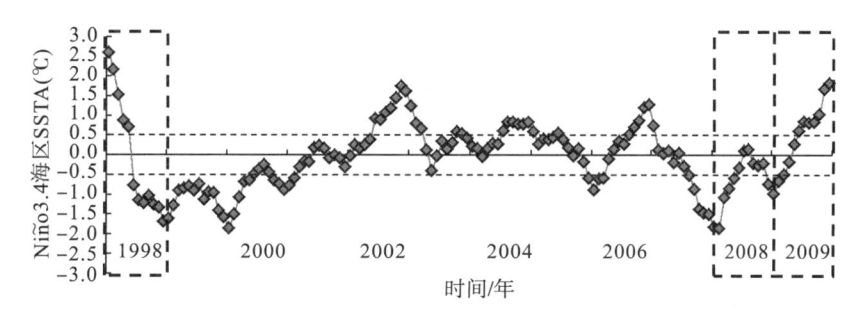

图 5-1 Niño 3.4 区 SSTA 时间序列图

定义每月整个渔场的平均 HSI 为该月柔鱼栖息地质量的指示因子；渔区 HSI≤0.2 的海域定义为不利的栖息地；渔区 HSI≥0.6 的海域则定义为有利的栖息地。分别统计 1998 年、2008 年和 2009 年 7～11 月各月不利栖息地和有利栖息地占整个渔场面积的比例，进行对比分析。环境变化可能对柔鱼适宜栖息地的时空变化和渔场重心位置的变动产生影响，因此本章研究计算并对比分析了 1998 年、2008 年和 2009 年 7～11 月各月柔鱼适宜栖息地的位置（定义为渔场范围内所有 HSI≥0.6 渔区的纬度平均值[135]）和渔场捕捞努力量重心分布。其中渔场纬度重心计算公式为[184]

$$\text{LATG}_m = \frac{\sum (\text{Latitude}_{i,m} \times \text{Effort}_{i,m})}{\sum \text{Effort}_{i,m}} \tag{5-9}$$

式中，$\text{Latitude}_{i,m}$ 为第 m 月份 i 渔区的纬度；$\text{Effort}_{i,m}$ 为第 m 月份 i 渔区的总捕捞努力量。本章利用综合 HSI 模型比较不同环境条件下的柔鱼栖息地适宜性变化的流程见图 5-2。

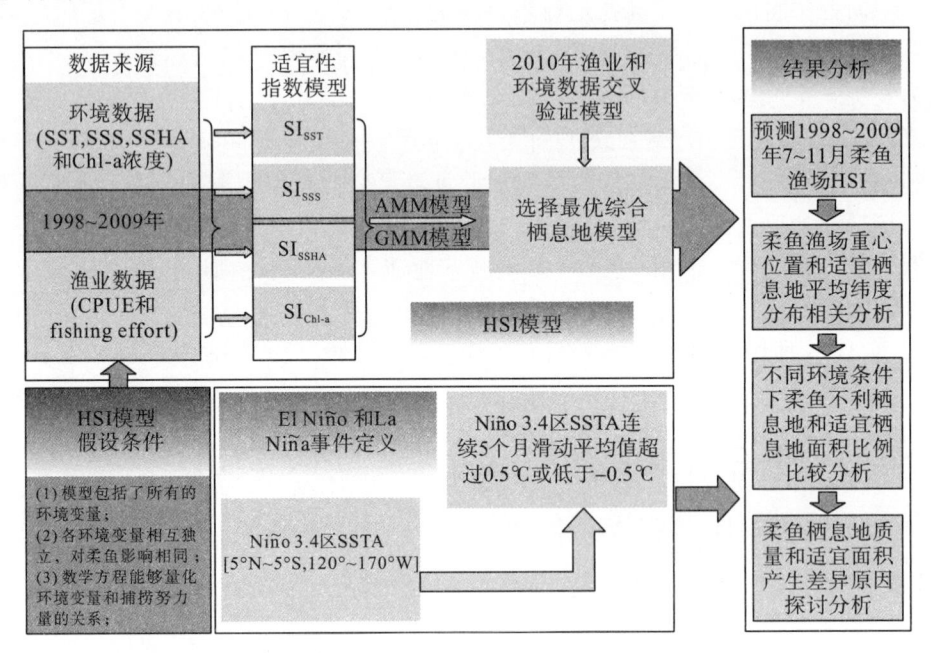

图 5-2　利用综合 HSI 模型比较异常环境条件下的西北太平洋柔鱼栖息地适宜性变化流程图
注：HSI 模型共包括 4 个环境因子，分别为海表温度、海表面高度、海表盐度和叶绿素浓度

5.1.2　结果

5.1.2.1　捕捞努力量的频率分布

统计结果发现，捕捞努力量随环境变量的分布呈明显的月间变化。7月，捕捞努力量主要分布在 SST 为 15~18℃、Chl-a 为 0.2~0.3mg/m³、SSHA 为 −4~(−2)cm 和 SSS 为 33.7~34.1psu 海域（图 5-3）；8月，捕捞努力量主要分布在 SST 为 17~19℃、Chl-a 为 0.2~0.3mg/m³、SSHA 为 −8~(−4)cm 和 SSS 为 33.2~33.8psu 海域（图 5-4）；9月，捕捞努力量主要分布在 SST 为 15~17℃、Chl-a 为 0.2~0.4mg/m³、SSHA 为 −4~2cm 和 SSS 为 33.2~33.4psu 海域（图 5-5）；10月，捕捞努力量主要分布在 SST 为 13~15℃、Chl-a 为 0.4~0.5mg/m³、SSHA 为 −4~(−2)cm 和 SSS 为 33.3~33.5psu 海域（图 5-6）；11月，捕捞

努力量主要分布在 SST 为 12~13℃、Chl-a 为 0.4~0.5mg/m³、SSHA 为 −8~(−4)cm 和 SSS 为 33.5~33.6psu 海域(图 5-7)。

利用正态和偏正态函数拟合以捕捞努力量为基础的 SI 与 SST、Chl-a、SSHA 和 SSS 的曲线(图 5-3~图 5-7),求解的 SI 模型参数见表 5-1,各月所有环境变量 SI 模型拟合均通过显著性检验($P<0.001$),且每个 SI 模型的残差符合正态分布。估算 7~11 月每月适宜的环境范围随月份而变化(表 5-2)。根据 SI 模型得出 7~11 月份对应适宜 SST 分别为:7 月 14.5~15.5℃、8 月 16.3~19.0℃、9 月 14.7~17.9℃、10 月 13.8~15.6℃和 11 月 11.9~13.5℃;7~11 月份对应适宜 Chl-a 分别为:7 月 0.1~0.4mg/m³、8 月 0.1~0.4mg/m³、9 月 0.1~0.4mg/m³、10 月 0.3~0.5mg/m³ 和 11 月 0.3~0.5mg/m³;7~11 月份对应适宜 SSHA 均低于 0cm;而 7~11 月份对应适宜 SSS 分别为:7 月 33.7~34.1psu、8 月 33.3~33.8psu、9 月 33.1~33.5psu、10 月 33.3~33.4psu 和 11 月 33.5~33.6psu。

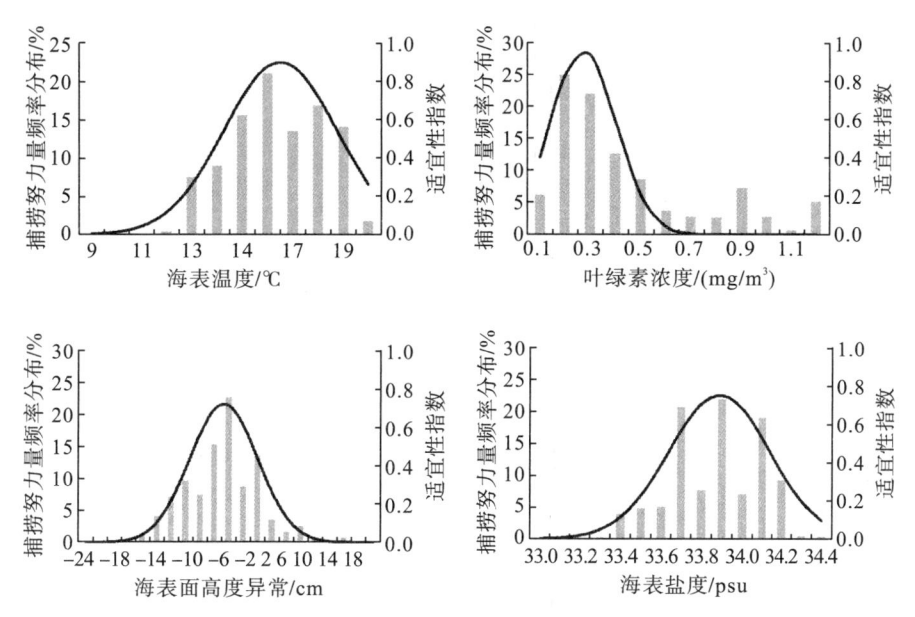

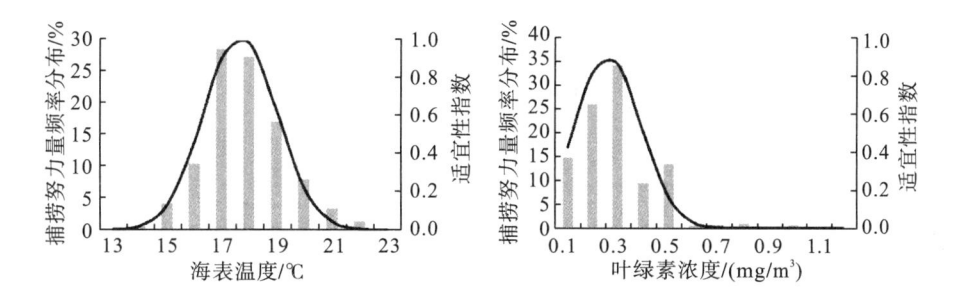

图 5-3　7 月份柔鱼捕捞努力量的频率分布与各环境变量的关系以及估算的适宜性指数模型

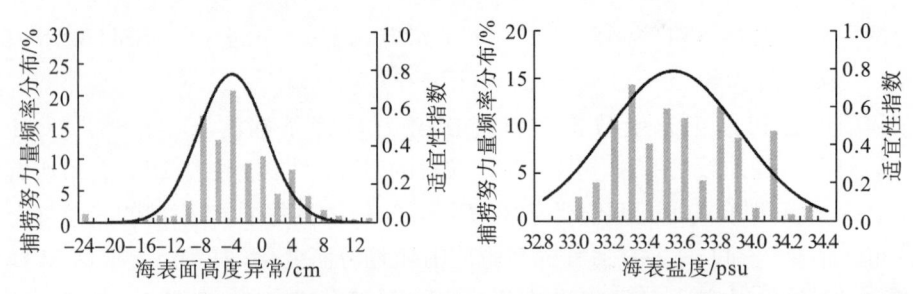

图 5-4　8月份柔鱼捕捞努力量的频率分布与各环境变量的关系以及估算的适宜性指数模型

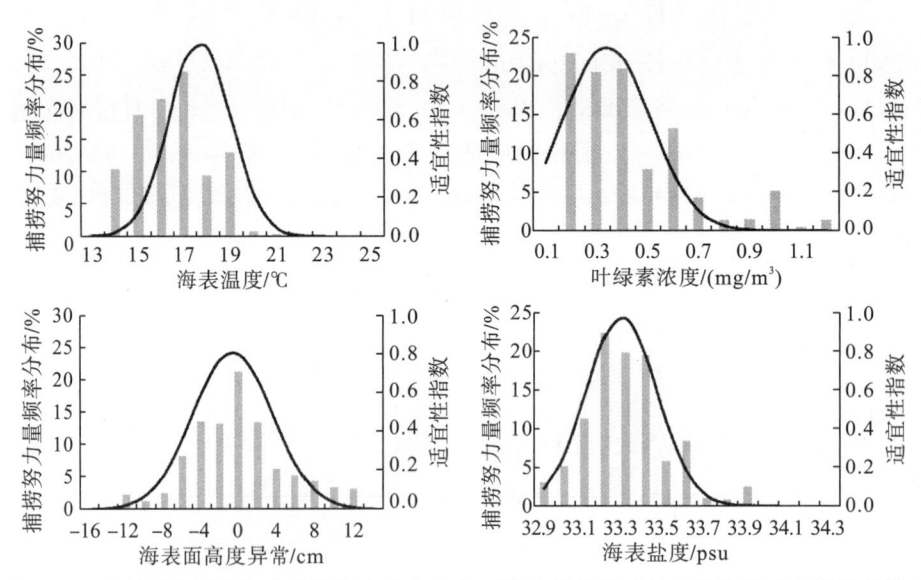

图 5-5　9月份柔鱼捕捞努力量的频率分布与各环境变量的关系以及估算的适宜性指数模型

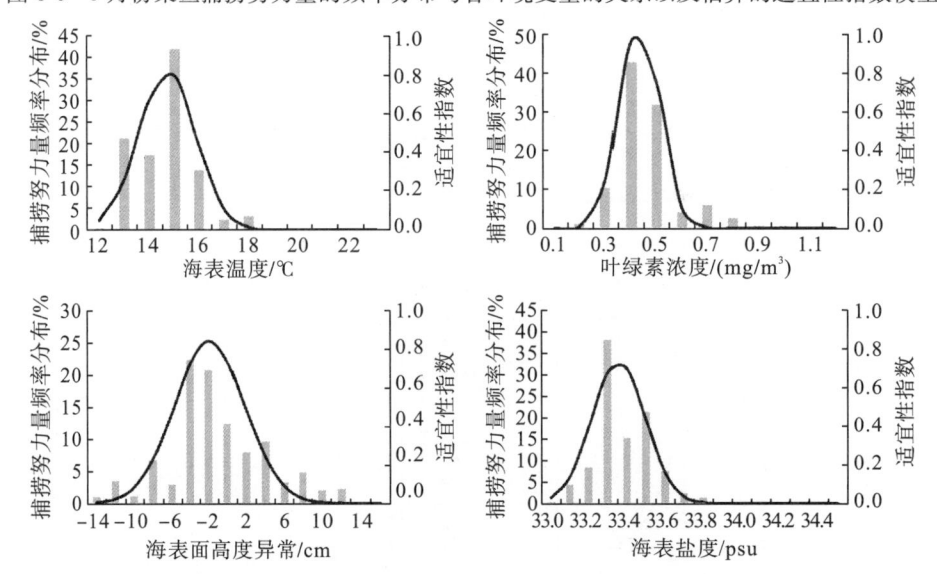

图 5-6　10月份柔鱼捕捞努力量的频率分布与各环境变量的关系以及估算的适宜性指数模型

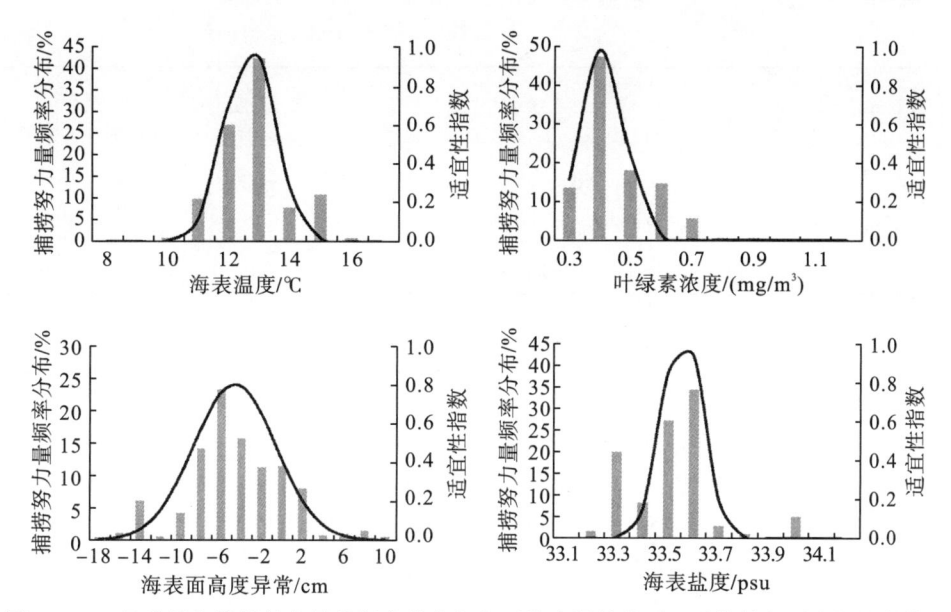

图 5-7　11 月份柔鱼捕捞努力量的频率分布与各环境变量的关系以及估算的适宜性指数模型

表 5-1　各环境变量拟合的适宜性指数模型参数统计

月份	SI 模型	df	R^2	F	P
7 月	$SI_{SST}=0.9042\exp[-0.1013(X_{SST}-16.5088)^2]$	11	0.8872	35.3840	0.0001
	$SI_{Chl-a}=0.9652\exp[-29.356(X_{Chl-a}-0.2723)^2]$	11	0.7588	14.1593	0.0017
	$SI_{SSHA}=0.7231\exp[-0.0225(X_{SSHA}+2.6909)^2]$	20	0.8333	44.9891	0.0001
	$SI_{SSS}=0.7518\exp[-7.9062(X_{SSS}-33.8887)^2]$	14	0.6335	10.3710	0.0024
8 月	$SI_{SST}=1.03\exp[-0.2873(X_{SST}-17.6881)^2]$	10	0.9770	169.5481	0.0001
	$SI_{Chl-a}=0.9065\exp[-29.9707(X_{Chl-a}-0.2593)^2]$	11	0.8996	40.3159	0.0001
	$SI_{SSHA}=0.7813\exp[-0.0243(X_{SSHA}+4.1734)^2]$	19	0.7970	33.3653	0.0001
	$SI_{SSS}=0.7879\exp[-3.6697(X_{SSS}-33.533)^2]$	16	0.6069	10.8067	0.0015
9 月	$SI_{SST}=0.9362\exp[-0.1695(X_{SST}-16.355)^2]$	12	0.9092	50.0791	0.0001
	$SI_{Chl-a}=0.9543\exp[-17.1738(X_{Chl-a}-0.3407)^2]$	11	0.7243	11.8248	0.0030
	$SI_{SSHA}=0.8116\exp[-0.0275(X_{SSHA}+0.6517)^2]$	15	0.8859	50.4779	0.0001
	$SI_{SSS}=0.9788\exp[-16.5003(X_{SSS}-33.2808)^2]$	14	0.9295	79.0653	0.0001
10 月	$SI_{SST}=0.8187\exp[-0.3879(X_{SST}-14.717)^2]$	11	0.8225	20.8476	0.0004
	$SI_{Chl-a}=1.095\exp[-85.2183(X_{Chl-a}-0.4329)^2]$	11	0.9813	236.6393	0.0001
	$SI_{SSHA}=0.8397\exp[-0.0357(X_{SSHA}+1.9538)^2]$	15	0.7472	19.2145	0.0001
	$SI_{SSS}=0.734\exp[-25.7483(X_{SSS}-33.3562)^2]$	15	0.7856	23.8141	0.0001

续表

月份	SI 模型	df	R^2	F	P
11月	$SI_{SST}=1.0106\exp[-0.7552(X_{SST}-12.697)^2]$	9	0.9125	36.4990	0.0002
	$SI_{Chl\text{-}a}=0.9828\exp[-97.4465(X_{Chl\text{-}a}-0.4084)^2]$	9	0.8903	28.4134	0.0004
	$SI_{SSHA}=0.803\exp[-0.0306(X_{SSHA}+4.683)^2]$	14	0.8337	30.0868	0.0001
	$SI_{SSS}=1.1029\exp[-83.3517(X_{SSS}-33.5553)^2]$	11	0.7124	11.1473	0.0037

表 5-2　SI 模型估算的西北太平洋柔鱼 7～11 月各环境变量最适宜范围

环境变量	7月	8月	9月	10月	11月
SST/℃	14.5～18.5	16.3～19.0	14.7～17.9	13.8～15.6	11.9～13.5
Chl-a/(mg/m³)	0.15～0.39	0.15～0.37	0.18～0.50	0.35～0.51	0.34～0.47
SSHA/cm	−5.5～0.1	−7.4～(−0.9)	−3.9～2.6	−5.0～1.1	−7.7～(−1.6)
SSS/psu	33.7～34.1	33.3～33.8	33.1～33.5	33.3～33.4	33.5～33.6

5.1.2.2　栖息地指数模型的比较、选择和验证

计算 HSI 各分段区间的 CPUE 和捕捞努力量的比例,以此为依据比较 AMM 和 GMM 模型的输出结果。从图 5-8 可以看出,HSI 在 0.4～0.6 和 0.6～ 0.8 时,各月 AMM 模型捕捞努力量所占比例明显高于 GMM 模型。例如,7 月份 AMM 模型中捕捞努力量在 HSI 处于 0.4～0.6 和 0.6～0.8 的比例分别为 45.6% 和 45.2%,而 GMM 模型中捕捞努力量在 HSI 处于 0.4～0.6 和 0.6～0.8 的比例则降低为 35.5% 和 29.5%。此外,9 月份 AMM 模型中捕捞努力量在 HSI 处于 0.4～0.6 和 0.6～0.8 的比例分别为 36.4% 和 50.1%,相反 GMM 模型得到的比例为 28.3% 和 34.1%,显著低于 AMM 模型的结果。进一步研究发现,在 HSI≤0.2 不利的柔鱼栖息地内,AMM 模型产生的捕捞努力量比例较少,而在 HSI≥0.6 有利的柔鱼栖息地内,可以清晰地发现捕捞努力量占据了最高比例。相反,基于 GMM 模型结果则与基于 AMM 模型结果趋势相反,7～11 月很高比例的捕捞努力量占据了不利的栖息地海域,而有利的栖息地海域则占据了较少比例的捕捞努力量。但观测发现 GMM 模型中捕捞努力量在各 HSI 区间的分布较为均匀。研究结果同时表明 CPUE 在 AMM 和 GMM 模型中各 HSI 区间均明显波动。除了 9 月份,其余月份 CPUE 随 HSI 区间值的增加大体呈上升趋势。模型比较结果说明了本研究中 AMM 模型结果显著优于 GMM 模型。

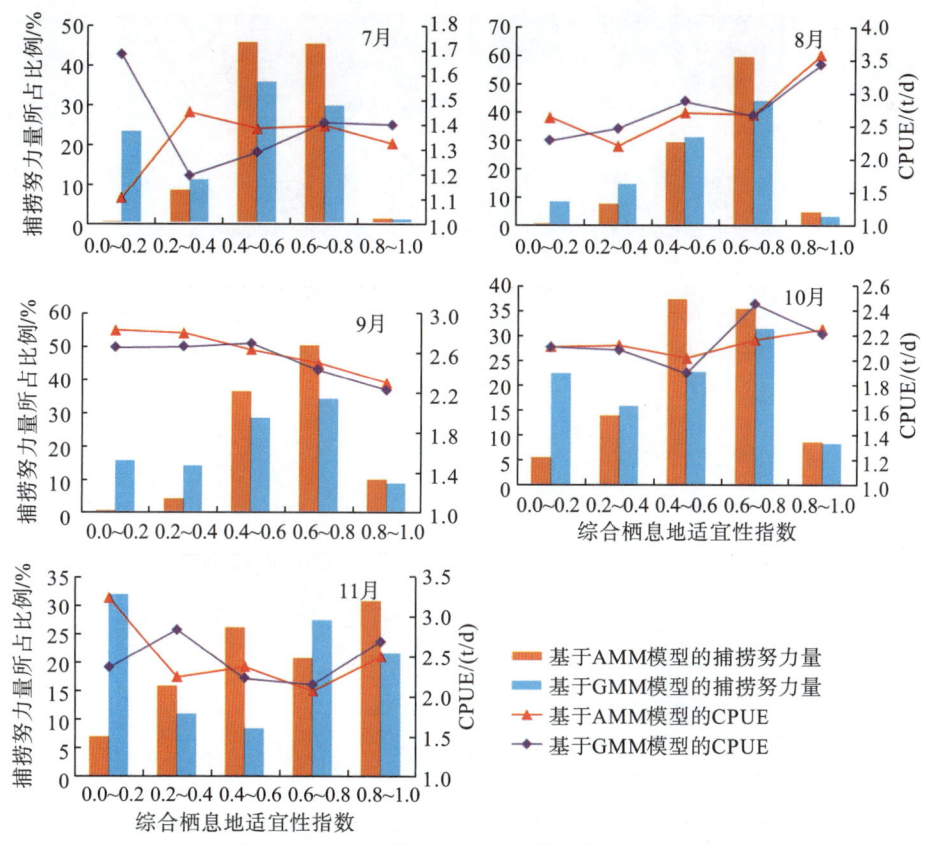

图 5-8　AMM 模型和 GMM 模型结果的比较

利用基于 AMM 和 GMM 的 HSI 模型分别预测了 2010 年 7~11 月渔场栖息地指数，并将各月捕捞努力量比例与 HSI 分布图进行叠加验证（图 5-9）。结果发现，AMM 模型生成的各月 HSI≥0.6 的海域面积明显大于 GMM 模型结果。而且 AMM 模型叠加分布图中各月捕捞努力量比例随着 HSI 的增加而趋向于上升，且大部分捕捞努力量分布在 HSI≥0.6 的海域内。然而 GMM 模型预测的结果中，相当一部分比例的捕捞努力量分布在较低 HSI 的海域内，尤其在 10 月和 11 月的分布图中更为明显。通过以上研究结果可以得出基于 AMM 的 HSI 模型可以提供更为可靠的预测结果。因此以下研究中均使用 AMM 预测的西北太平洋柔鱼的栖息地指数来分析异常环境对栖息地适宜性的影响。

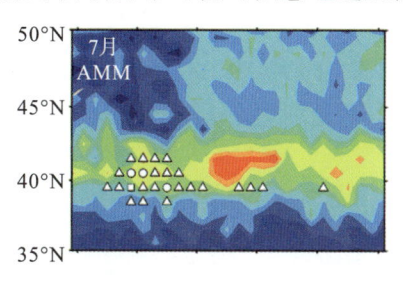

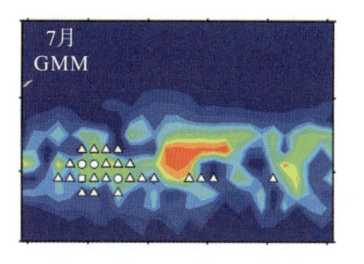

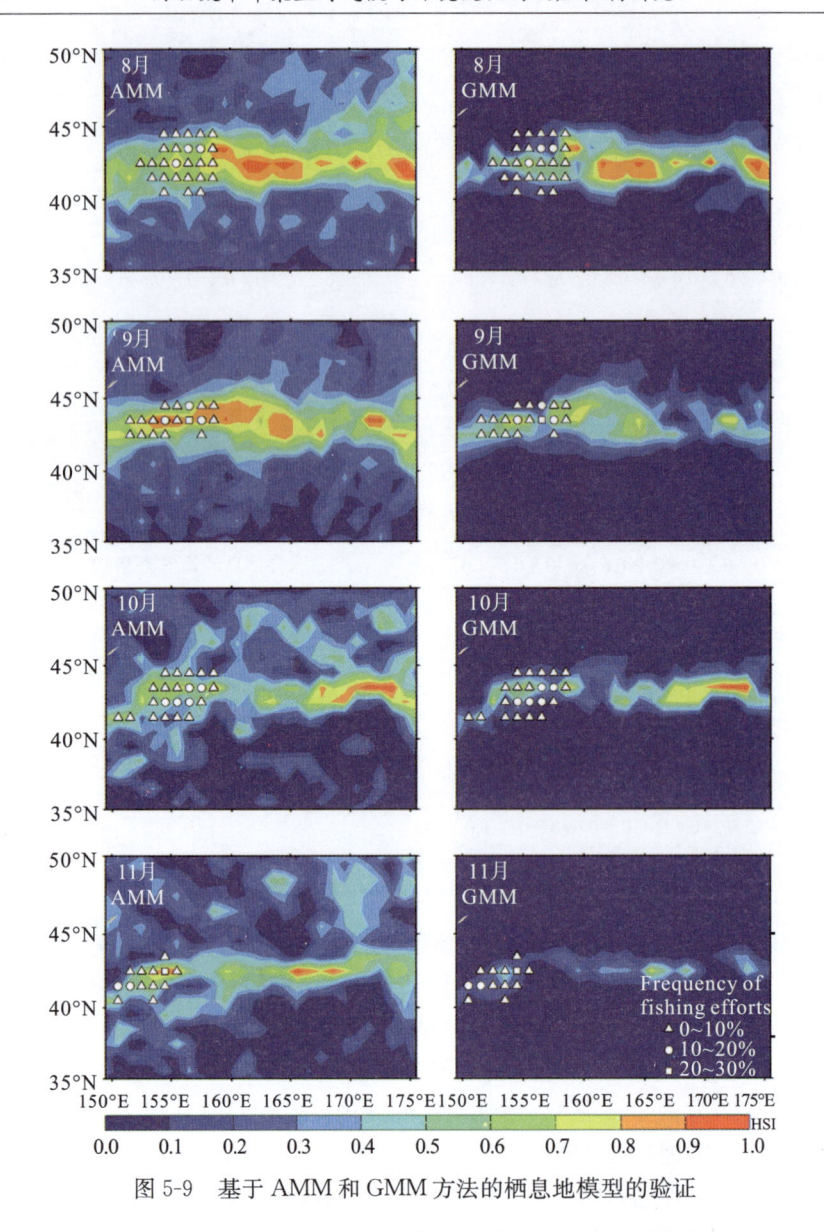

图 5-9 基于 AMM 和 GMM 方法的栖息地模型的验证

5.1.2.3 不同环境条件下柔鱼渔场栖息地指数对比分析

1998 年 7~11 月对应柔鱼渔场平均 HSI 分别为 0.41、0.36、0.32、0.20 和 0.26；2008 年 7~11 月对应渔场平均 HSI 分别为 0.38、0.35、0.30、0.21 和 0.24；2009 年 7~11 月对应渔场平均 HSI 分别为 0.35、0.32、0.33、0.21 和 0.19(图 5-10)。

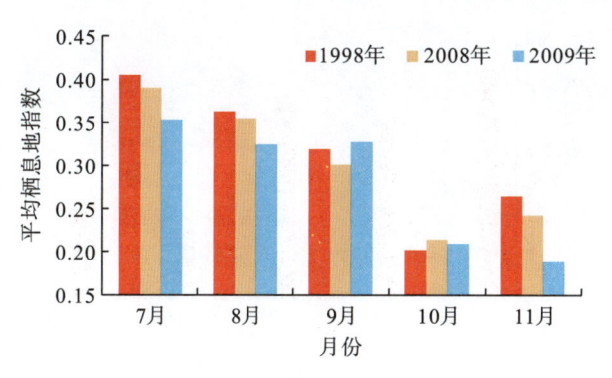

图 5-10 基于 AMM 模型预测的 1998 年、2008 年和 2009 年 7~11 月柔鱼渔场栖息地指数平均值

估算 1998 年、2008 年和 2009 年 7~11 月各月 HSI≤0.2 不利的柔鱼栖息地和 HSI≥0.6 适宜的栖息地占渔场面积的比例(图 5-11)。1998 年 7~11 月拉尼娜事件发生时，HSI 在 0.2 以下的海域面积所占比例 7 月为 17.6%，8 月为 27.2%，9 月为 39.2%，10 月为 58.8%，11 月为 40.8%；HSI 在 0.6 以上的海域面积所占比例 7 月为 18.0%，8 月为 14.8%，9 月为 16.0%，10 月为 5.6%，11 月为 7.6%。2008 年 7~11 月为正常气候年份，HSI 在 0.2 以下的海域面积所占比例 7 月为 19.6%，8 月为 32.4%，9 月为 44.4%，10 月为 58.8%，11 月为 46.8%；HSI 在 0.6 以上的海域面积所占比例 7 月为 14.0%，8 月为 18.8%，9 月为 15.2%，10 月为 8.0%，11 月为 6.8%。而 2009 年 7~11 月厄尔尼诺事件发生时，HSI 在 0.2 以下的海域面积所占比例 7 月为 25.6%，8 月为 34.8%，9 月为 40.4%，10 月为 54.4%，11 月为 58.8%；而 HSI 在 0.6 以上的海域面积所占比例 7 月为 12.4%，8 月为 11.6%，9 月为 17.6%，10 月为 2.0%，11 月为 3.6%。比较这三年 7~11 月栖息地指数平均值及其适宜栖息地面积比例，发现 HSI 随着不同的环境事件发生规律性的变化：HSI 低于 0.2 的区间面积随着拉尼娜事件、正常年份和厄尔尼诺事件递增，HSI 大于 0.6 的区间面积随着拉尼娜事件、正常年份和厄尔尼诺事件递减，说明了西北太平洋海域柔鱼的传统作业渔场在拉尼娜年份更适宜柔鱼栖息生长。

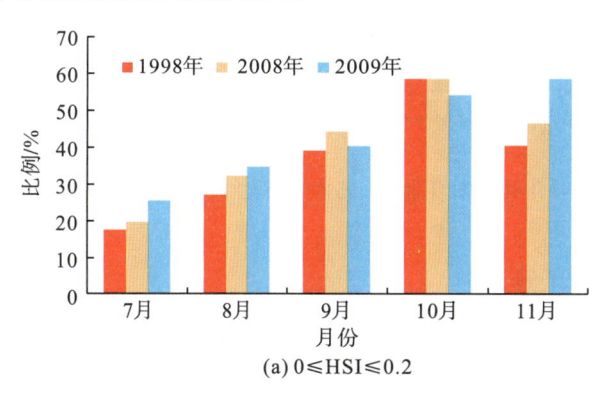

(a) 0≤HSI≤0.2

(b) $0.6 \leqslant HSI \leqslant 1$

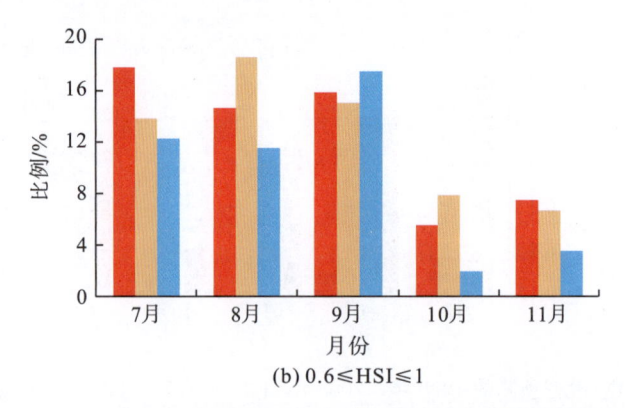

图 5-11 比较 1998 年、2008 年和 2009 年西北太平洋柔鱼渔场不利栖息地和适宜栖息地所占比例

图 5-12 显示了 1998 年、2008 年和 2009 年 HSI≥0.6 的适宜栖息地平均纬度 7~9 月从南向北移动，到 10 月后又开始向南偏移。1998 年 7~11 月适宜栖息地平均纬度分别为 41.1°N、42.8°N、43.7°N、43.3°N、42.1°N；2008 年 7~11 月适宜栖息地平均纬度分别为 41.4°N、42.7°N、43.8°N、43.8°N、42.7°N；2009 年 7~11 月适宜栖息地平均纬度分别为 40.8°N、42.0°N、43.2°N、43.5°N、42.4°N。估算各年捕捞努力量纬度重心，发现其位置分布与适宜栖息地纬度变化趋势基本一致，且两者位置靠近，但在各年月间两者相差距离有所差异。1998 年 7~10 月 LATG 分别为 41.0°N、42.4°N、43.2°N、43.5°N、41.9°N；2008 年 7~11 月 LATG 分别为 40.4°N、42.9°N、43.9°N、43.5°N、42.8°N；2009 年 7~11 月 LATG 分别为 40.4°N、42.8°N、43.7°N、42.6°N、41.5°N。1998 年 7~11 月 CPUE 较高，其值为 1.48~2.23t/d。2008 年 7~11 月 CPUE 最高，其值为 1.39~4.27t/d。2009 年 7~11 月 CPUE 明显降低，其值为 0.76~2.01t/d。

图 5-12 1998 年、2008 年和 2009 年捕捞月份渔场纬度纬度重心、适宜栖息地平均纬度以及 CPUE

5.1.3 讨论与分析

栖息地指数模型在 20 世纪 80 年代提出之后，在大洋性鱼类栖息地偏好与环

境关联的研究中得到广泛应用，为海洋渔业资源的可持续开发提供了有效和可靠的评估方法[185]。本节利用1998~2009年7~11月中国鱿钓渔业数据和环境数据构建西北太平洋柔鱼的栖息地指数模型，模型结果真实地反映了柔鱼栖息地分布特征和环境偏好范围。以捕捞努力量表征资源分布，定量分析了捕捞努力量和各个环境变量之间的关系，结果发现拟合的SI模型中资源分布与环境变量SST、Chl-a、SSHA和SSS存在着显著正态和偏正态分布($P<0.001$)(图5-3~图5-7)。综合HSI模型则利用经验AMM和GMM方法分别构建[182,183]。AMM和GMM模型结果均显示在HSI低于0.4的海域中捕捞努力量占据了较小的一部分比例，大部分捕捞努力量分布在HSI为0.4~0.6的普通栖息地和0.6~1.0的适宜栖息地中(图5-8)。因此，两个模型结果基本反映了柔鱼渔场适宜性的分布情况，结果合理可靠。然而相对于GMM模型，AMM模型结果显示捕捞努力量比例随HSI的增加而增加，且很小比例的捕捞努力量占据HSI≤0.2的海域，因此认为AMM模型预测柔鱼渔场HSI更为准确，研究结论与前人研究基本一致。例如，陈新军等(2010)构建HSI模型来预测西北太平洋柔鱼渔场，他们通过估算不同HSI区间内平均CPUE和作业次数比例比较AMM和GMM模型结果，发现AMM模型优于GMM模型[108]。Li等(2014)构建了中国东黄海鲐鱼的HSI模型，研究发现AMM模型中捕捞努力量和鲐鱼产量较少分布在HSI≤0.2不利的鲐鱼栖息地中，而GMM模型则相反[135]。因此，AMM模型可能更适合用来构建HSI模型预测鱼类的适宜栖息地位置。在利用AMM模型预测1998~2009年7~11月柔鱼渔场HSI之前，还将2010年环境和渔业数据用来交互验证AMM和GMM模型结果(图5-9)。AMM模型中2010年各月HSI分布图中捕捞努力量和适宜栖息地位置非常吻合，而GMM模型则低估了渔场HSI。验证结果进一步确认了利用AMM模型预测柔鱼渔场HSI的可靠性。

有学者认为CPUE作为资源丰度指标可用来估算SI[186]。例如，Chen等基于CPUE值拟合了东海鲐鱼的SI曲线[187]。然而，CPUE受环境条件，渔船装备和渔民技术影响大，构建HSI模型难免会产生较大误差。Tian等展开了一个对比研究比较了基于CPUE的HSI模型和基于捕捞努力量的HSI模型结果，其结论认为基于CPUE的HSI模型过高估计了适宜栖息地的环境范围，以及过低估计了适宜栖息地的空间分布[112]。因此，本节HSI模型未考虑使用CPUE。中国鱿钓渔业的捕捞努力量定义为整数的捕捞天数(每条渔船每整晚夜间作业时间算一天)。捕捞努力量的分布反映了渔船的密度，捕捞努力量越集中的海域则表明该处鱼类资源丰度越集中[188]，因此捕捞努力量可表征鱼类出现的频率[108]。捕捞努力量的分布受环境影响，在渔场中并不是随机分布，因此基于捕捞努力量的HSI模型用来预测柔鱼渔场更为客观[179]。

本研究中，最适宜的柔鱼栖息地可以通过环境变量SST、Chl-a浓度、

SSHA 和 SSS 来进行预测，这些环境变量分别代表了热量条件，食物丰度和海洋物理特性等，对柔鱼的丰度和分布产生重要作用[108,180]。我们估算了捕捞月份各月柔鱼适宜的环境变量范围，结果与前人的研究基本一致[108,128,129]。在适宜环境的海域，可以预测和开发生产力较高的柔鱼渔场。本章事先假设了各环境变量对柔鱼种群动态的影响力相等，然而在实际生产中不同的环境条件对鱼类栖息地分布的影响不同，因此在构建 HSI 模型时应对各环境变量的作用用权重加以区分。Gong 等（2012）认为环境变量的权重大小对 HSI 模型结果影响较大，其设计了几种不同的权重方案，结果表明不同的权重会产生不同的适宜栖息地的分布[138]。因此未来研究将致力于开发一个更为综合的 HSI 模型，考虑不同的环境变量权重，且会考虑更多的环境因素。

柔鱼为短生命周期种类，其资源量大小与种群分布极易受到异常环境变化的影响[1]。已有研究表明柔鱼种群动态受拉尼娜和厄尔尼诺事件影响强烈[53,121]。1998 年、2008 年和 2009 年，中国鱿钓船在西北太平洋海洋捕捞作业位置基本相同，捕捞渔船装备和作业方式也基本一致。然而，1998 年、2008 年和 2009 年这三年却对应了极高、正常和极低的柔鱼产量，且这三年分别对应了拉尼娜事件、正常气候和厄尔尼诺事件。由此我们考虑到柔鱼产量和捕捞努力量比例分布不同可能是由于不同的环境条件所致。因此，1998 年、2008 年和 2009 年柔鱼产量和环境条件的紧密关系具有典型的代表性，可以作为代表年份用来估算柔鱼适宜栖息地的时空变化对拉尼娜和厄尔尼诺事件的响应研究，同时解释产生这种变化的原因。综上，选择这三年作为代表年份符合本章研究目的。

对比以上三年柔鱼渔场平均 HSI、HSI≤0.2 和 HSI≥0.6 栖息地面积情况，发现西北太平洋柔鱼渔场的 HSI 在不同环境下经历了显著的变化。1998 年和 2008 年柔鱼渔场 HSI 平均值较高，表明这两年柔鱼渔场的栖息地生境处在较高质量水平；而 2009 年柔鱼渔场 HSI 平均值偏低，表明该年栖息地不利于柔鱼生长（图 5-10）。此外，1998 年、2008 年和 2009 年 HSI≤0.2 的栖息地面积逐年增加，而 HSI≥0.6 的栖息地面积逐年减少（图 5-11）。这些结论说明柔鱼适宜栖息地面积在 1998 年扩张而在 2009 年缩减，表明 1998 年拉尼娜事件生成丰产的栖息地，且有利的栖息地面积增加；而 2009 年厄尔尼诺事件则导致不利的环境条件，形成更多的低质量栖息地面积。

1998 年、2008 年和 2009 年经历了不同的气候条件，导致柔鱼栖息地适宜性发生剧变，那么导致这些变化的原因是什么呢？我们检验了这三年柔鱼渔场各环境条件的变化来寻求答案。结果发现，1998 年和 2008 年的 SST、Chl-a 和 SSHA 变化趋势几乎相同，而 2009 年以上三种环境变量发生异常变动。1998 年和 2008 年 7~11 月 SST 较高，而 2009 年受厄尔尼诺事件影响，渔场 SST 骤降（图 5-13）。已有学者研究表明在适宜的温度范围内，相对更高的温度更有利于柔鱼生长和繁殖，并对渔场的形成和分布产生很大影响[158]。因此2009年渔场异常的低温不利于形成适宜的柔鱼栖息地。

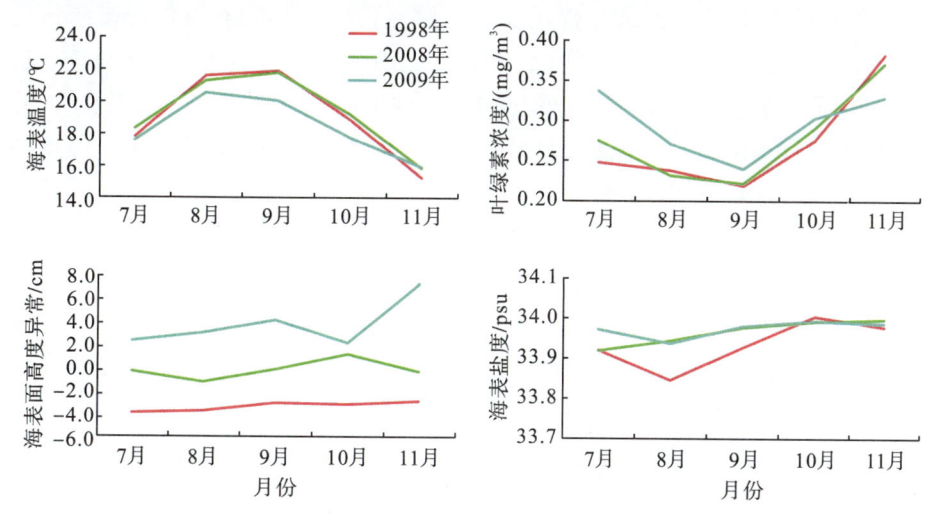

图 5-13 1998年、2008年和2009年的7~11月份柔鱼渔场海表温度、叶绿素浓度、海表面高度和海表盐度平均值

从图 5-3~图 5-7 中可以看出 7~9 月捕捞努力量主要分布在 Chl-a 浓度为 0.2~0.3mg/m³ 的海域，而 10~11 月则分布在 Chl-a 浓度更高的海域中，通常浓度为 0.3~0.5mg/m³。7~9 月适宜的 Chl-a 浓度相对 10~11 月偏低一点（表 5-2）。1998 年和 2008 年 7~9 月 Chl-a 浓度为 0.22~0.27mg/m³，而 2009 年 7~9 月 Chl-a 浓度为 0.23~0.34mg/m³，相对前两年较高一点。此外，1998 年和 2008 年 11 月的 Chl-a 浓度相对 2009 年 11 月的更高（图 5-13）。Ichii 等（2009）[30]评估了秋生群柔鱼适宜 Chl-a 浓度为 0.2mg/m³。Fan 等研究发现柔鱼渔场主要分布在 Chl-a 浓度为 0.10~0.30mg/m³ [106]。唐峰华等认为 2009 年柔鱼产量锐减的原因可能是水温的降低和 Chl-a 浓度波动较大[96]。以上所有结果均表明 1998 年拉尼娜事件和 2008 年正常气候条件产生了更为适宜的叶绿素浓度范围，但在 2009 年则成为柔鱼生长的限制因子。

研究还发现，1998 年和 2008 年渔场 SSHA 相对 2009 年较低。除了 2008 年 10 月份以外，1998 年和 2008 年所有捕捞月份 SSHA 均低于 0cm。2009 年 7~11 月份 SSHA 相对较高，为 2.1~7.2cm（图 5-13）。根据柔鱼的适宜 SSHA 范围可知，2009 年渔场的 SSHA 不利于柔鱼渔场的形成。这三年中 SSS 的变化不大，表明盐度对渔场适宜性的影响可能较小。程家骅和黄洪亮（2003）认为柔鱼的分布与 SST 和 Chl-a 浓度高度相关，但与 SSS 的关系较弱[111]，这些结论与本研究的结果基本一致。

异常的气候条件对适宜栖息地位置和捕捞努力量的纬度重心分布也具有显著

影响。1998年拉尼娜年份和2008年正常气候年份柔鱼适宜栖息地的平均纬度相对2009年厄尔尼诺年份向北偏移(图5-12)。本节研究的结果也就解释了Chen等(2007)发现的现象[53]，即柔鱼渔场在拉尼娜年份向北移动和厄尔尼诺年份向南移动。柔鱼通过生理和饵料生物条件变化响应渔场环境的年间变化。另外，适宜栖息地和捕捞努力量的纬度位置变化的一致性说明了基于AMM方法的HSI模型的正确性(图5-12)。柔鱼的资源丰度大小与适宜栖息地和捕捞努力量纬度间的距离相关。两者距离相近相差$0.2\sim0.3°N$时，CPUE通常很高，一般大于3.0 t/d，如2008年8~10月；两者距离相差$0.3\sim0.5°N$时，CPUE处于较高水平，为1.5~3.0t/d，如1998年8~10月和2009年7月；两者距离相对较远，大于$0.5°N$时，CPUE则较低，通常低于1.0t/d。可以清晰地发现，2009年各月中国鱿钓船通常分布在适宜栖息地靠北或靠南的位置，捕捞位置与适宜栖息地不匹配，这可能也是导致2009年柔鱼产量降低的原因之一。

综上，通过HSI模型，本节分析了西北太平洋柔鱼适宜栖息地的时空变化与异常环境的关系。分析认为ENSO事件对柔鱼的栖息地有很大影响，研究的结论有助于帮助理解柔鱼对异常环境事件的响应。

5.1.4 小结

本节根据1998~2009年7~11月我国鱿钓船在$35°\sim50°N$、$150°\sim175°E$传统作业渔场海域的生产统计数据和环境数据包括海表温度(SST)、叶绿素浓度a(Chl-a)、海表面高度距平(SSHA)和海表盐度(SSS)，以捕捞努力量作为适应性指数，使用算术平均法(AMM)和联乘法(GMM)分别建立综合栖息地指数模型(HSI)，分别选取1998年、2008年和2009年7~11月份作为研究阶段，即1998年7~11月对应拉尼娜事件，2008年7~11月为正常年份、2009年7~11月对应厄尔尼诺事件，探讨这三个年份在以上三种环境条件下柔鱼栖息地适宜性指数变化。结果表明，AMM模型结果显著优于GMM模型。利用2010年渔业和环境数据进一步验证了AMM模型可以提供更为可靠的预测结果。利用基于AMM的HSI模型预测了1998~2009年柔鱼栖息地指数，结果发现1998年柔鱼高产年份，2008年柔鱼产量正常年份和2009年柔鱼低产年份的栖息地质量与ENSO事件导致的柔鱼渔场环境变化相关。1998年拉尼娜事件导致渔场SST变暖，Chl-a浓度和SSHA范围有利于柔鱼生长，柔鱼栖息地质量高；而2009年厄尔尼诺事件导致渔场SST异常变冷，Chl-a浓度和SSHA范围不利于柔鱼生长，柔鱼栖息地质量变低。此外，1998年拉尼娜事件下西北太平洋海域适宜的柔鱼栖息地范围面积增长，渔场重心位置分布在适宜栖息地范围内，因此柔鱼产量增加；而2009年厄尔尼诺事件西北太平洋海域适宜的柔鱼栖息地范围面积锐减，渔场重心位置与适宜栖息地分布不匹配,因此柔鱼产量显著递减。本节研究有助于深刻理解柔鱼潜在栖息地与环境的年间变化之间的关联。

5.2 厄尔尼诺和拉尼娜条件下柔鱼栖息地净初级生产力的变动

净初级生产力(net primary productivity,NPP)定义为生产者能够用于生长、发育和繁殖的能量值。净初级生产力是生态系统中各类生物生存和繁衍的物质基础[189]。海洋中的净初级生产力随海域不同而有很大差异,其中沿岸和近海海域如珊瑚礁、海藻床,存在上升流等区域的净初级生产力最高,大陆架其次,而大洋中的净初级生产力相当低。此外,研究表明,副热带海域贫营养,其净初级生产力最低,是海洋中的"荒漠地带",而副热带与亚北极过渡区域相对较高[152]。尽管大洋中净初级生产力处于较低水平,但海洋净初级生产力是海洋食物链中基础链环营养潜力的指标因子,在海洋生态中扮演重要角色,其大小决定了海洋渔业的潜在产量[190]。利用海洋净初级生产力评估海洋渔业资源具有重要意义,国内外学者对此已有相关研究。例如,官文江等(2013)利用中国东海鲐鱼灯光围网捕捞数据分析了海洋净初级生产力与其资源量的变化关系[191]。结果表明,东海鲐鱼资源量随净初级生产力的增加而上升,但到一定极值时,鲐鱼资源量则呈下降趋势,即两者之间为倒抛物线关系。净初级生产力在生态系统中对鲐鱼资源影响可能是上行控制机制,但并非完全受该机制影响。西北太平洋秋刀鱼的时空分布与净初级生产力存在显著关系,Tseng 等(2013)年利用台湾秋刀鱼渔业数据分析得到西北太平洋秋刀鱼主要分布在净初级生产力为 600~800mg C/(m^2·d)的海域。在秋刀鱼主要捕捞季节,秋刀鱼渔场的净初级生产力大幅提高,因此秋刀鱼的资源丰度处于较高水平[85]。

近十几年来,我国利用海洋遥感产品分析北太平洋柔鱼与环境之间的关联研究已取得重要进展,主要是以温度为主要环境因子来预测柔鱼的资源丰度与分布。如陈新军等(2009)利用海表温度(SST)及表温梯度因子构建了柔鱼栖息地指数模型[179],成功预测柔鱼渔场。Cao 等(2009)基于柔鱼渔场和产卵场每月适宜温度范围[121],分析环境变化对柔鱼资源丰度年间变化的影响,并构建资源丰度的预测模型。然而针对柔鱼冬春生群体与海洋初级生产力关联的研究甚少。Ichii 等(2011)认为,北太平洋中部海域净初级生产力的季节性变动可能是柔鱼秋生群体资源年间变动的重要诱因[57]。因此,本节基于中国鱿钓船在西北太平洋海域柔鱼捕捞数据以及海洋净初级生产力遥感数据,通过分析渔柔鱼渔场和产卵场的海洋净初级生产力变化,以及厄尔尼诺和拉尼娜异常环境事件对海洋净初级生产力变化的影响,以此探讨海洋净初级生产力变化对柔鱼资源的空间分布与丰度大小的调控作用，为该渔业资源的评估与科学管理提供依据。

5.2.1 材料与方法

5.2.1.1 渔业生产数据

中国鱿钓渔船在西北太平洋生产数据来自上海海洋大学鱿钓技术组，数据包括捕捞日期（年和月）、捕捞范围（经度和纬度）、每日产量（单位：t）和捕捞努力量等，空间分辨率为 1°×1°。数据时间为 2004~2013 年。渔船作业主要分布在 38°~46°N、150°~175°E 海域。

5.2.1.2 环境数据和气候指数

净初级生产力算法众多，本节研究为基于 MODIS 数据的全球海洋净初级生产力，其反演算法是以 Behrenfeld 和 Falkowski(1997)[192] 提出的垂向归纳模型（vertically generalized production model，VGPM）计算获得。VGPM 模型经过全球寡营养环流海域和高度富营养水域等各类不同海域长时间、大范围实测资料的验证，计算结果精确可靠，因此该模型被认为是最佳估算海洋初级生产力的模型[193]。本研究选择的海洋净初级生产力产品来源于俄勒冈州立大学网站（http://www.science.oregonstate.edu/ocean.productivity/standard.product.php）。数据时间包括 2004~2013 年 1~12 月，时间分辨率为月。数据空间覆盖西北太平洋柔鱼产卵场和渔场海域，其中渔场数据为 38°~46°N、150°~175°E；产卵场数据为 20°~30°N，130°~170°E，空间分辨率为 5′×5′。分析时环境数据空间分辨率处理为 1°×1° 以匹配渔业数据。

本研究拟采用美国 NOAA 气候预报中心的标准定义推断的 ENSO 事件（http://www.cpc.ncep.noaa.gov/products/analysis_monitoring/ensostuff/ensoyears.shtml）。其定义为：Niño 3.4 区海表温距平值（SSTA）连续 5 个月滑动平均值超过+0.5℃，则认为发生一次厄尔尼诺事件；若连续 5 个月低于-0.5℃，则认为发生一次拉尼娜事件[53]。本研究据此定义推断了 2004~2013 年发生的异常环境事件（表 5-3）。

表 5-3 2004~2013 年发生的厄尔尼诺和拉尼娜事件

年份	1月	2月	3月	4月	5月	6月	7月	8月	9月	10月	11月	12月
2004	N	N	N	N	N	N	E	E	E	E	E	E
2005	E	N	N	N	N	N	N	N	N	N	L	L
2006	L	L	L	N	N	N	N	N	E	E	E	E
2007	E	N	N	N	N	N	N	L	L	L	L	L

续表

年份	1月	2月	3月	4月	5月	6月	7月	8月	9月	10月	11月	12月
2008	L	L	L	L	L	L	N	N	N	N	L	L
2009	L	L	L	N	N	N	E	E	E	E	E	E
2010	E	E	E	E	E	N	L	L	L	L	L	L
2011	L	L	L	L	N	N	N	N	L	L	L	L
2012	L	L	L	N	N	N	N	N	N	N	N	N
2013	N	N	N	N	N	N	N	N	N	N	N	N

注：E、L 和 N 分别代表发生厄尔尼诺、拉尼娜事件以及正常气候的月份

5.2.1.3 分析方法

已有研究表明，CPUE 可以作为柔鱼资源密度的指标[120,121]。本研究定义经纬度 1°×1° 为一个渔区，计算每个渔区内的 CPUE。CPUE 的计算公式为

$$\text{CPUE}_{ymij} = \frac{\sum \text{Catch}_{ymij}}{\sum \text{Effort}_{ymij}} \quad (5\text{-}10)$$

式中，CPUE 为单位捕捞努力量渔获量，单位为 t/d；$\sum \text{Catch}_{ymij}$ 为一个渔区内的总渔获量；$\sum \text{Effort}_{ymij}$ 为一个渔区内总捕捞努力量（即一个渔区内累计的作业天数）；y 为年；m 为月；i 为经度；j 为纬度。

对 2004~2013 年 7~11 月 CPUE 和净初级生产力进行逐月平均，分析两者在主要捕捞月份的变化。计算各月柔鱼捕捞努力量的纬度重心，取 2004~2013 年 7~11 月纬度重心平均值，绘制该纬度重心位置截面在经度方向上的净初级生产力时间分布图。其中，捕捞努力量纬度重心计算方法为[184]

$$\text{LATG}_m = \frac{\sum (\text{Latitude}_{i,m} \times \text{Effort}_{i,m})}{\sum \text{Effort}_{i,m}} \quad (5\text{-}11)$$

式中，LATG 为捕捞努力量的纬度重心；Latitude 为纬度；Effort 为捕捞努力量；i 为渔区；m 为月份。

估算净初级生产力与柔鱼资源丰度年间变化的关系。具体分析方法为：以 1 月份为例，分别取 2004~2013 年各年 1 月份产卵场平均净初级生产力与 2004~2013 年各年平均 CPUE 进行相关分析。依照上述方法，分别分析繁殖期各月份（1~5 月）、繁殖期月份总平均、捕捞季节各月份（7~11 月）和捕捞月份渔场总平均净初级生产力与年平均 CPUE 的相关性。

将 2004~2013 年 7~11 月捕捞努力量按月进行分组，各月捕捞努力量根据其所在渔区内的净初级生产力大小进行分类，统计捕捞努力量在净初级生产力各区

间内的累积频率,估算每月柔鱼适宜的净初级生产力范围。以往的研究表明,柔鱼在纬度方向的空间分布易受海洋环境因子影响[52]。因此本节研究计算2004~2013年捕捞月份最适净初级生产力的纬度位置(取各月最适净初级生产力所占渔区的纬度平均值),估算捕捞努力量纬度重心分布与最适初级生产力位置的关系。

根据 NOAA 定义推断的异常环境事件,选取 2004~2013 年发生厄尔尼诺和拉尼娜事件的年份,分别分析异常环境条件下柔鱼渔场和产卵场范围内海洋净初级生产力的分布特征。

5.2.2 研究结果

5.2.2.1 柔鱼 CPUE 和净初级生产力的季节性变化

研究发现,2004~2013 年 7~11 月柔鱼月平均 CPUE 与净初级生产力变化明显(图5-14)。CPUE 呈先增加后递减趋势。其中 8 月和 9 月的 CPUE 较高,均超过 2.5t/d,分别为 3.0t/d 和 2.8t/d。其次为 10 月和 11 月,CPUE 均为 2.0t/d。而 7 月的 CPUE 最低,为 1.5t/d。净初级生产力与 CPUE 变化相似,8 月份为最高 767.2mg C/(m² · d),随后其值逐渐递减,到 11 月份仅为 394.5mg C/(m² · d)。经计算 2004~2013 年 7~11 月捕捞努力量纬度重心平均值为 42.5°N,根据此纬度截面来看,净初级生产力季节性分布特征明显(图5-15)。其值在冬春季节较低,如 11 月到翌年 4 月一般低于 400mg C/(m² · d);夏秋季节较高,特别再 7~11 月整个渔场净初级生产力在 600~1200mg C/(m² · d),主要分布为 600~900mg C/(m² · d)。从空间分布上看,7~11 月净初级生产力在经度 157°~168°E 存在一个高值区,正好对应了主要的捕捞作业海域,其值一般在 900mg C/(m² · d) 以上。

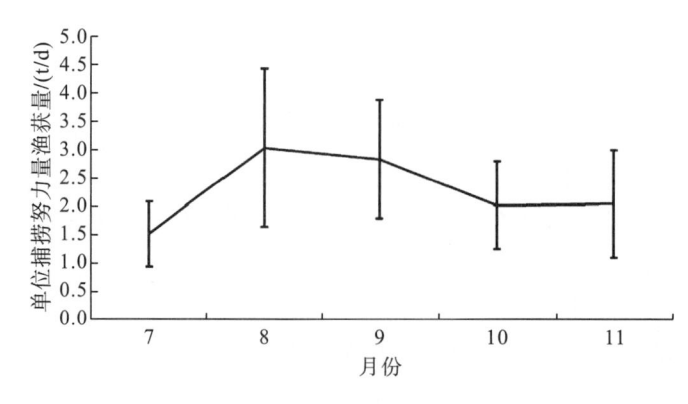

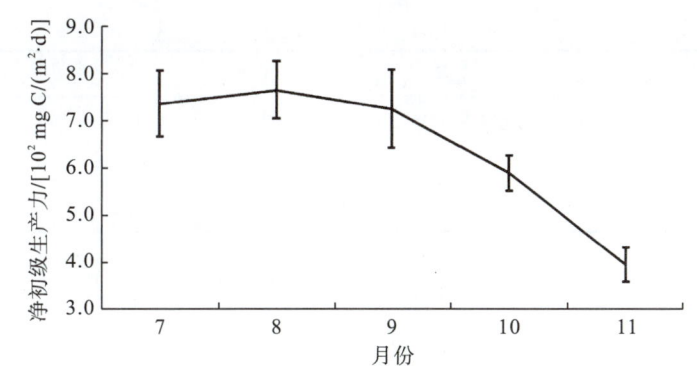

图 5-14 2004~2013 年捕捞月份 7~11 月各月平均 CPUE 和净初级生产力的变化

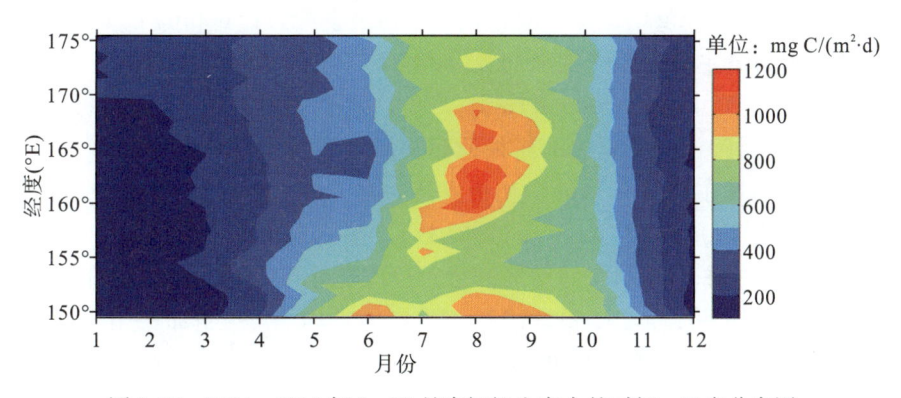

图 5-15 2004~2013 年 1~12 月净初级生产力的时间-经度分布图

5.2.2.2 净初级生产力与 CPUE 的相关关系

2004~2013 年各年繁殖月份中只有 3 月产卵场平均净初级生产力与年平均 CPUE 呈显著正相关（$P<0.05$），其余月份相关性不显著，但 4~5 月的相关系数明显高于 1~2 月份。取各年 1~5 月净初级生产力平均值与年平均 CPUE 进行相关分析，结果不显著（$P>0.05$）(表 5-4)。此外，捕捞月份 7~11 月渔场净初级生产力与年平均 CPUE 相关性均不显著，但 7~10 月的相关系数高于 11 月。取各年渔场 7~11 月平均净初级生产力与年平均 CPUE 进行相关分析，结果呈显著正相关关系（$P<0.05$）(表 5-4)。

表 5-4 2004~2013 年柔鱼年平均 CPUE 与各年繁殖月份（1~5 月）和捕捞月份（7~11 月）净初级生产力的相关关系

月份	r	P	月份	r	P
1 月	0.161	0.329	7 月	0.480	0.080
2 月	0.208	0.282	8 月	0.408	0.121
3 月	0.599	<0.05	9 月	0.412	0.119

续表

月份	r	P	月份	r	P
4月	0.323	0.180	10月	0.475	0.083
5月	0.426	0.110	11月	0.164	0.326
月平均	0.468	0.086	月平均	0.560	<0.05

5.2.2.3 捕捞努力量频率分布与净初级生产力的关系

7月份，捕捞努力量主要分布区的净初级生产力为500~700mg C/(m²·d)，最适净初级生产力为700mg C/(m²·d)；8月份，捕捞努力量主要分布区的净初级生产力为500~800mg C/(m²·d)，最适净初级生产力为600mg C/(m²·d)；9月份，捕捞努力量主要分布区的净初级生产力为500~1000mg C/(m²·d)，最适净初级生产力为700mg C/(m²·d)；10月份，捕捞努力量主要分布区的净初级生产力为500~800mg C/(m²·d)，最适净初级生产力为600mg C/(m²·d)；11月份，捕捞努力量主要分布区的净初级生产力为300~500mg C/(m²·d)，最适净初级生产力为400mg C/(m²·d)（图5-16）。基于以上分析，估算每月渔场最适净初级生产力的平均纬度，并与捕捞努力量纬度重心位置进行相关分析，结果发现捕捞努力量的纬度重心随最适净初级生产力平均纬度变化而变化（图5-17），两者相关系数为0.513，相关性极显著（$P<0.001$）。

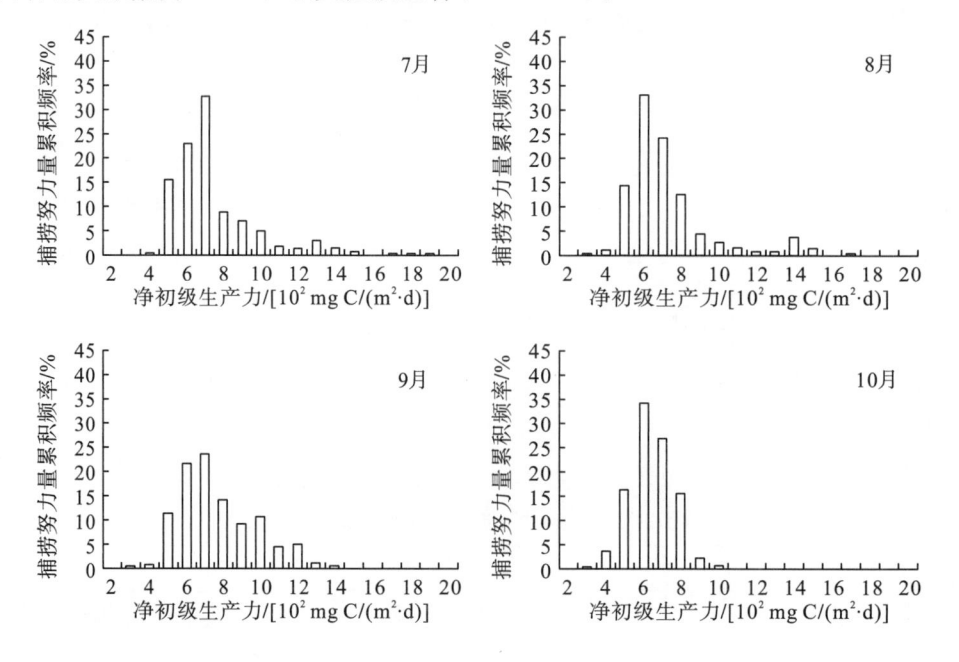

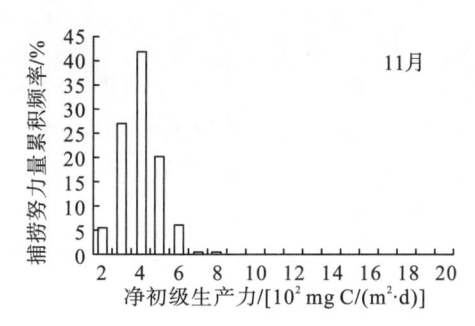

图 5-16　2004~2013 年 7~11 月份捕捞努力量在各净初级生产力区间内的频率分布

5.2.2.4　厄尔尼诺和拉尼娜条件下净初级生产力的分布

根据表 5-3 定义的厄尔尼诺和拉尼娜事件，考虑到研究资料时间的同步性，选取了 2008 年、2010 年和 2011 年 1~4 月作为代表分析厄尔尼诺和拉尼娜事件在柔鱼繁殖月份时对产卵场净初级生产力分布的影响；而 2004 年、2009 年和 2010 年 7~11 月则作为代表年份分析异常环境在捕捞月份时对柔鱼渔场净初级生产力的分布影响。其中，2008 年和 2011 年 1~4 月对应拉尼娜事件；2010 年 1~4 月则对应厄尔尼诺事件；2004 年和 2009 年 7~11 月对应厄尔尼诺事件；2010 年 7~11 月则对应拉尼娜事件。

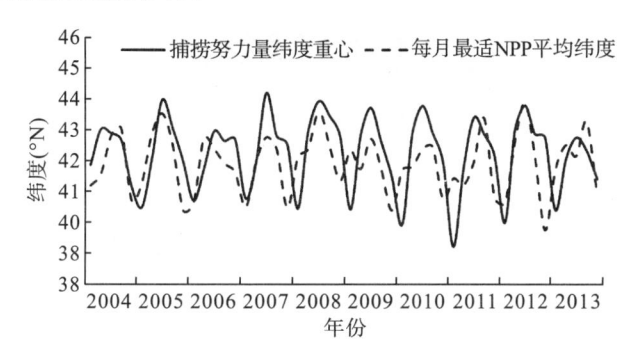

图 5-17　2004~2013 年 7~11 月各月捕捞努力量纬度重心与最适净初级生产力平均纬度

研究发现，2008 年和 2010 年 1~4 月柔鱼产卵场净初级生产力相对 2011 年较低，但 2010 年为这三年中最低水平，产卵场 25°N 以南海域净初级生产力分布为 0~100mg C/(m²·d)。而 2011 年净初级生产力显著升高，整个产卵场净初级生产力均大于 100mg C/(m²·d)（图 5-18）。2008 年 1~4 月每月平均净初级生产力最低为 1 月的 236.0mg C/(m²·d)，最高为 3 月的 295.3mg C/(m²·d)，4 个月平均值为 262.2 mg C/(m²·d)；2010 年 1~4 月各月平均净初级生产力 4 月最低，其值为 215.2mg C/(m²·d)，2 月最高，其值为 282.8mg C/(m²·d)，4 个月平均值为 249.2 mg C/(m²·d)；2011 年 1~4 月每月平均净初级生产力波动为 1 月的 243.7mg C/(m²·d) 到 3 月的 332.5mg C/(m²·d)，4 个月平均值为

298.9mg C/(m² · d)(图 5-19)。

  2004 年和 2009 年厄尔尼诺年份柔鱼渔场净初级生产力较高，特别是 2004 年渔场中心海域净初级生产力显著升高，其值大于 800mg C/(m² · d)，2009 年渔场净初级生产力主要为 600~800mg C/(m² · d)。而 2010 年 7~11 月对应的净初级生产力明显降低，165°E 以东海域净初级生产力低于 600mg C/(m² · d)，以西海域在 600~800mg C/(m² · d)(图 5-20)。2004 年 7~11 月每月平均净初级生产力最低为 11 月的 393.2mg C/m²/d，最高为 9 月的 849.5mg C/(m² · d)，5 个月平均值为 693.5mg C/(m² · d)；2009 年 7~11 月每月平均净初级生产力 11 月最低，其值为 387.2mg C/(m² · d)，7 月最高，其值为 829.6mg C/(m² · d)，5 个月平均值为 640.9mg C/(m² · d)；2010 年 7~11 月每月平均净初级生产力 11 月最低，为 378.2mg C/(m² · d)，8 月最高，为 764.1mg C/(m² · d)，5 个月平均值为 627.4mg C/(m² · d)(图 5-21)。

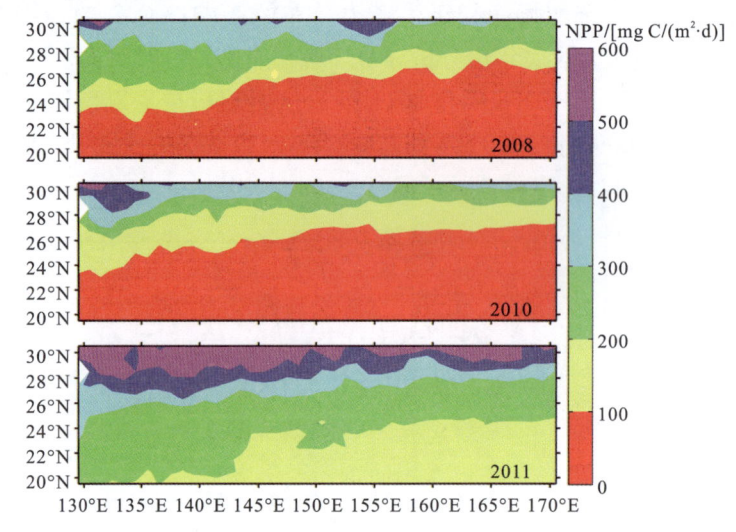

图 5-18 2008 年、2010 年和 2011 年 1~4 月柔鱼产卵场平均净初级生产力的分布

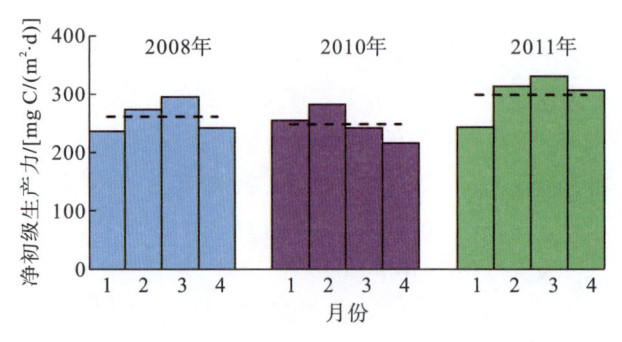

图 5-19 2008 年、2010 年和 2011 年 1~4 月每月净初级生产力的平均值

注：虚线表示各年 1~4 月净初级生产力的平均值

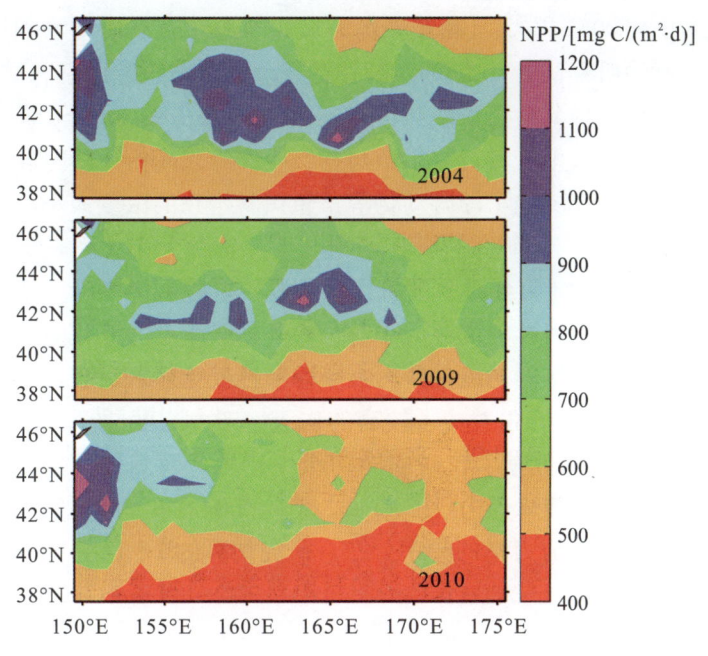

图 5-20 2004 年、2009 年和 2010 年 7~11 月柔鱼渔场平均净初级生产力的分布

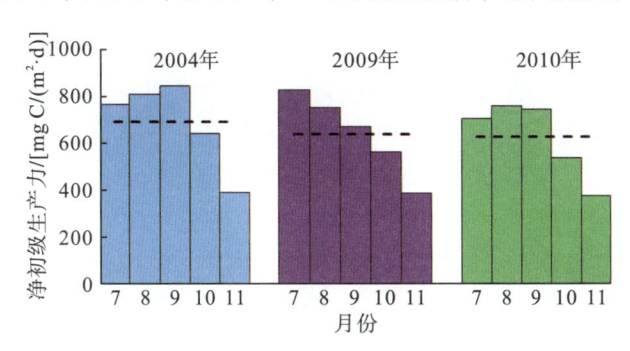

图 5-21 2004 年、2009 年和 2010 年 7~11 月每月净初级生产力的平均值

注：虚线表示各年 7~11 月净初级生产力的平均值

5.2.3 讨论与分析

柔鱼资源大小和分布显著受环境影响[9]。一般研究气候和环境对柔鱼资源动态的影响主要从两个方面着手：一是估算产卵场环境变化对柔鱼仔幼鱼早期生活阶段的影响，产生可能对资源补充量的影响。如 Chen 等(2007)认为拉尼娜事件发生时可能会提高柔鱼产卵场海域的温度，不利于柔鱼资源补充；相反，厄尔尼诺事件发生时，产卵场温度与正常气候条件下的温度持平，提供了有利于柔鱼资源补充的环境条件[53]。另一方面则直接研究捕捞季节时的环境变化。如程家骅和黄洪亮(2004)根据渔场专项调查，认为中部和东部渔场表温在 18℃左右，西

部渔场表温为16~20℃[111]。且高产渔场海域主要分布在浮游动物和浮游植物高密集海域。已有的研究认为，柔鱼幼体主要摄食甲壳类如磷虾目和端足目动物，而成鱼主要捕食褶胸鱼科鱼类如皇穆氏暗光鱼（*Maurolicus imperatorius*）[47]。而这些捕食对象作为次级生产者，在柔鱼与初级生产力之间扮演能量转化者。而实际上初级生产力的大小决定了浮游动物等柔鱼饵料生物的浓度大小，从而最终决定了柔鱼的资源大小[114]。研究初级生产力与柔鱼资源大小关系是探索环境变化对渔业资源影响机制的重要组成。因此本节根据产卵场和渔场净初级生产力大小的变化，从两个方面探讨柔鱼资源大小与分布与初级生产力变化的关联。

研究发现，柔鱼渔场的初级生产力大小季节性变化显著，表现为冬春季低而夏秋季高，7~11月渔发月份对应了较高的初级生产力浓度（图5-15），其中8~9月柔鱼的CPUE最高，对应了较高的净初级生产力，而其他月份较低的CPUE则对应了低浓度的净初级生产力（图5-14）。不同月份柔鱼渔场适宜的净初级生产力大小不同。根据捕捞努力量的频率分布，研究估算的7~11月对应的适宜净初级生产力浓度分别为500~700mg C/(m²·d)、500~800mg C/(m²·d)、500~1000mg C/(m²·d)、500~800mg C/(m²·d)和300~500mg C/(m²·d)，各月最适净初级生产力浓度分别为700mg C/(m²·d)、600mg C/(m²·d)、700mg C/(m²·d)、600mg C/(m²·d)和400mg C/(m²·d)（图5-16）。此外，最适净初级生产力的平均纬度与捕捞努力量纬度重心显著相关则说明了捕捞努力量位置在渔场中不是随机分布，而最适净初级生产力的纬度分布显著影响了捕捞努力量的位置分布（图5-17）。渔民在捕鱼时一般选择渔获量高的海域，而一旦渔获量减少则立即将渔船转移到渔获高发的海域[135]。本节研究中最适净初级生产力位置与渔场纬度重心的高度匹配，说明了最适净初级生产力的位置可能代表了柔鱼资源丰度较高的海域，因此最适初级生产力的纬度位置决定了渔船的分布。研究结果表明各月最适浓度的海洋净初级生产力可以作为指示因子用来寻找柔鱼最佳渔场位置。

根据表5-4研究结果，2004~2013年柔鱼年平均CPUE与各年3月份净初级生产力以及7~11月份平均净初级生产力大小显著正相关，这说明了每年柔鱼资源丰度可能受3月份产卵场海域的初级生产力大小和7~11月捕捞月份渔场初级生产力大小交互作用的影响。由于冬春生柔鱼群体产卵时间为1~5月，3月为产卵高峰期[22]，期间柔鱼产卵量激增，因此这一月份产卵场海域的初级生产力决定了浮游生物的生物量，对柔鱼仔幼鱼的生长和补充量水平起到关键作用。而7~11月为主要捕捞月份[49]，5个月的平均初级生产力水平代表了该年度渔获月份柔鱼饵料生物浓度的综合指标，因此柔鱼丰度不由单独一个捕捞月份的初级生产力来决定。2009年、2010年和2012年3月份产卵场的净初级生产力较低，分别为246.3mg C/(m²·d)、242.3mg C/(m²·d)和252.1mg C/(m²·d)，而7~

11月平均净初级生产力分别为640.9mg C/(m^2·d)、627.4mg C/(m^2·d)和537.4mg C/(m^2·d),相对其他年份浓度处于较低水平,这三年对应的CPUE分别为1.36 t/d、1.87t/d和1.31t/d,资源丰度处于低水平。2004年、2007年和2011年3月份产卵场的净初级生产力分别为314.3mg C/(m^2·d)、306.6mg C/(m^2·d)和332.5mg C/(m^2·d),渔场7~11月平均净初级生产力分别为693.5mg C/(m^2·d)、668.7mg C/(m^2·d)和672.8mg C/(m^2·d),其对应的CPUE分别为2.95t/d、4.17t/d和1.92t/d,资源丰度处于较高水平。因此我们认为产卵场3月份较高的初级生产力提供了丰富的饵料,有利于柔鱼仔幼鱼摄食,为资源补充提供有利环境条件;而7~11月份渔场初级生产力的大小决定了柔鱼在育肥场的摄食和生长,两者交互作用影响柔鱼资源丰度。

异常环境条件(厄尔尼诺和拉尼娜事件)对产卵场和渔场的净初级生产力大小产生了显著影响,但调控方式可能不同(图5-18~图5-21)。在柔鱼产卵期1~4月,2011年拉尼娜事件产卵场的净初级生产力高于2010年厄尔尼诺事件对应的初级生产力浓度。尽管2008年1~4月也发生了拉尼娜事件,但其浓度大小却仅略高于2010年,这可能是与拉尼娜事件发生的强度有关。而在7~11月捕捞月份,可以看出2004年和2009年厄尔尼诺事件产生的净初级生产力大小明显高于2010年拉尼娜年份。这说明了气候变化对不同海域不同时期的净初级生产力调控机制不同,其影响机制需要进一步研究。尽管2009年7~11月渔场净初级生产力浓度高于2010年,但该年柔鱼资源丰度较低,这可能与渔场其他环境因子相关,如陈峰等(2010)认为水温变动可能是2009年柔鱼资源下降的主要原因[93]。因此,未来研究需要结合其他环境因子如温度、海表面高度和盐度等估算所有环境因子的综合作用对柔鱼资源水平变动的影响。

5.2.4 小结

海洋初级生产力在海洋生态中扮演重要角色,其变化影响了海洋渔业的潜在产量。本节根据2004~2013年中国鱿钓组提供的西北太平洋柔鱼冬春生群体捕捞数据和海洋遥感净初级生产力数据,研究了柔鱼资源量变动与净初级生产力的关系,以及厄尔尼诺和拉尼娜异常环境事件对海洋净初级生产力变化的影响,以此探讨异常环境条件下海洋净初级生产力变化对柔鱼资源的空间分布与丰度大小的调控作用。结果发现,柔鱼渔场范围内净初级生产力在方向上呈明显的季节性变化,冬春季低,夏秋季高。从空间分布上看,7~11月净初级生产力在157°~168°E存在一个高值区,正好对应了主要的捕捞作业海域,其值一般在900mg C/(m^2·d)以上。捕捞月份7~11月对应的适宜净初级生产力分别为500~700mg C/(m^2·d)、500~800mg C/(m^2·d)、500~1000mg C/(m^2·d)、500~800mg

C/(m² · d)和 300~500mg C/(m² · d),最适净初级生产力分别为 700mg C/(m² · d)、600mg C/(m² · d)、700mg C/(m² · d)、600mg C/(m² · d)和 400mg C/(m² · d)。7~11 各月最适净初级生产力平均纬度与捕捞努力量纬度重心呈显著正相关关系($P<0.05$),说明了捕捞努力量位置在渔场中不是随机分布,可能受最适净初级生产力的纬度分布的影响。柔鱼年间资源丰度与各年 3 月份净初级生产力以及 7~11 月份平均净初级生产力大小显著正相关($P<0.05$)。推测每年柔鱼资源量大小可能受 3 月份产卵场海域和 7~11 月捕捞月份渔场净初级生产力水平交互作用的影响。此外,2008 年和 2011 年 1~4 月拉尼娜条件下柔鱼产卵场净初级生产力要显著高于 2010 年 1~4 月厄尔尼诺年份,2011 年为三年中最高水平,但 2008 年只略高于 2010 年。2004 年和 2009 年 7~11 月厄尔尼诺条件下柔鱼渔场净初级生产力较高,特别是 2004 年渔场中心海域净初级生产力显著升高,其值大于 800mg C/(m² · d),2009 年渔场净初级生产力主要分布在 600~800mg C/(m² · d)。而 2010 年 7~11 月拉尼娜条件下渔场对应的净初级生产力明显降低。以上结论表明异常环境条件(厄尔尼诺和拉尼娜事件)对柔鱼产卵场和渔场的净初级生产力具有显著影响,但调控机制不同。

第6章 结论与展望

6.1 主 要 结 论

(1) 柔鱼的资源时空分布和栖息地热点。本书根据我国鱿钓船在 35°~50°N、150°~175°E 传统作业海域的生产统计数据和环境数据,分析了柔鱼的时空分布以及栖息地热点海域。柔鱼的分布和资源丰度呈现明显的年间和季节变化。渔场各年纬度和经度重心主要分布在 41.7°~43.4°N、154.2°~160.4°E 海域。各月纬度重心位置接近亚北极锋区。以单位捕捞努力量渔获量(CPUE)表征资源丰度,其值在 2003 年、2004 年、2005 年、2007 年和 2008 年较高,在 2001 年、2002 年和 2009 年相对较低。7~11 月 CPUE 为 1.36~2.68t/d,8 月份最高。柔鱼对各环境变量的适宜值:SST 为 17.6~18.6℃,SSHA 为 -5~1.5cm,SSS 为 33.58~33.79psu,Chl-a 为 0.41~0.55mg/m³,MLD 为 15.5~18.5m,EKE 为 28~35.5cm²/s²。柔鱼栖息地热点海域与亚寒带锋区位置重合。约 72% 的作业位置分布于概率≥0.6 的海域。1998~2007 年 CPUE 随综合环境概率的升高而上升,线性回归分析发现,ln(CPUE+1) 与概率之间存在正相关关系,统计显著($P<0.001$)。2008 年和 2009 年预测的高 CPUE 海域与渔业数据吻合较好。

(2) 柔鱼资源丰度年间变化。利用广义线性模型(GLM)和广义加性模型(GAM),结合时间(年、月)、空间(经度、纬度)和环境因子(海表面温度、海表面高度和混合层深度)将柔鱼 CPUE 进行标准化处理,对西北太平洋柔鱼的资源丰度年间变化进行评估,并评价各因子对 CPUE 的影响。GLM 模型确定了年、月、纬度、海表温度、混合层深度以及海表温度与混合层深度的交互项为显著性变量。利用上述 6 个显著性变量构建 GAM 模型,根据 AIC 准则,包含上述 6 个显著性变量的 GAM 模型为最优模型,对 CPUE 偏差的解释率为 42.43%。GAM 模型结果表明:影响柔鱼 CPUE 因子的顺序依次为年、月、纬度、温度、混合层深度、温度与混合层深度的交互效应。柔鱼资源丰度年间变化表现为:1995~2002 年 CPUE 波动较小,整体趋于缓慢降低趋势,其中 1996 年 CPUE 最高,2001 年为最低水平。2002 年后 CPUE 显著增长,明显高于前几年。2003 年后 CPUE 小幅递减到 2006 年,2007 年 CPUE 大幅增加且为 17 年最高水平,随后 CPUE 锐减,2009 年 CPUE 为 17 年最低水平,2010 年与 2011 年 CPUE 基本持平。

(3) 柔鱼资源渔场应对太平洋年代际涛动的响应机制。1995~2011年北太平洋经历2次完整的太平洋年代际涛动(PDO)周期,期间共发生5次厄尔尼诺事件和8次拉尼娜事件。其中1995~1998年和2002~2006年为PDO暖期,暖期内柔鱼产量呈上升趋势;而1999~2001年和2007~2011为PDO冷期,冷期内柔鱼产量呈显著下降趋势,PDO暖期内CPUE明显高于冷期CPUE。柔鱼资源丰度与PDO指数正相关,且滞后一年。渔场和产卵场Chl-a浓度与CPUE之间存在相同的关系。此外,PDO暖期内发生拉尼娜事件时,渔场出现异常暖水团,给柔鱼栖息地提供有利环境条件;而PDO冷期内发生厄尔尼诺事件时,渔场水温异常变冷,通常导致CPUE变低。分析结果说明柔鱼资源水平与气候引致的西北太平洋海流变化紧密相关:黑潮势力变强向北入侵的年份一般柔鱼资源丰度变高。黑潮将温暖和饵料丰度的水团输送至渔场,且形成多样的中尺度涡流,其不稳定使食物饵料滞留在渔场,以上均有利于柔鱼西部种群各个生活阶段的生长。构建了基于PDO指数的模型预测柔鱼冬春生群体的各年资源丰度。

当渔场中生物和非生物环境发生改变并不利于生存时,成年柔鱼一般会迅速做出反应,转移到更适宜的海域中,从而导致柔鱼资源空间分布模式存在不确定性。本书根据我国传统作业海域的生产统计数据和环境数据,分析了气候和环境变化对柔鱼空间分布的影响。1995~2011年柔鱼渔场经度重心(LONG)和纬度重心(LATG)季节和年间变化显著。LATG年平均为40°~43.5°N,在PDO暖期时,LATG倾向于靠南位置,而在PDO冷期时多分布于北部海域。LONG年平均在153°~161°E。渔场SSTA、SSHA和MLDA在经度和纬度方向年间变化显著,柔鱼纬度重心主要分布在适宜的环境范围内。相关分析结果说明1995~2011年PDOI与LATG显著负相关,但与LONG相关性不显著。此外,SSTA和SSHA均与LATG呈显著正相关,与PDOI显著负相关。但MLDA与LATG以及PDOI相关性统计上均不显著。纬度重心的年间的南北移动主要与PDO以及SST和SSH相关,MLD对柔鱼空间分布的影响具有局限性。PDO暖期,SST偏冷以及SSH偏低,导致渔场纬度重心向南移动;PDO冷期,SST偏暖以及SSH偏高,导致渔场纬度重心向北移动。构建了基于PDO指数的模型预测柔鱼渔场重心分布。

柔鱼冬春生西部群体资源量水平变动与PDO模态转变显著关联。为研究PDO和渔场环境对柔鱼资源丰度影响机制,本书以2002~2011年为例,分析了不同PDO时期柔鱼产卵场资源补充条件、渔场环境偏好范围、捕捞努力量分布和栖息地热点分布变化。研究发现,PDO对与柔鱼栖息相关的环境条件起到调控决定作用。以SST和适宜产卵面积作为柔鱼孵化条件的指标对柔鱼补充量变化影响不显著,然而以产卵场Chl-a浓度作为摄食环境的指标变化是影响柔鱼资源补充量的主要因子。和 PDO 冷期相比,PDO 暖期内捕捞努力量主要占据低温 SST 和较高浓度 Chl-a。PDO 冷期捕捞努力量相对更为集中,且向西或向北偏移。此外,PDO 暖期生成的柔鱼栖息地热点海域面积明显增加。研究表明,西北太平洋柔鱼西部群体资源动态可能由产卵场食物丰度、渔场 SST 和 Chl-a 浓度以及捕捞努力量分布来解释,其变动主要由 PDO 和局部海域环境变化相互作用共同驱动。

(4) 厄尔尼诺和拉尼娜条件下柔鱼适宜栖息地和净初级生产力的比较分析。利用算术平均法(AMM)和几何平均法(GMM)分别建立柔鱼综合栖息地指数模型(HSI),分别选取 1998 年、2008 年和 2009 年的 7~11 月份作为研究阶段,即 1998 年 7~11 月对应拉尼娜事件,2008 年 7~11 月为正常年份,2009 年 7~11 月对应厄尔尼诺事件,探讨这三个年份在以上三种环境条件下柔鱼栖息地适宜性指数变化。结果表明,AMM 模型结果显著优于 GMM 模型。利用 2010 年渔业和环境数据进一步验证了 AMM 模型可以提供更为可靠的预测结果。利用基于 AMM 的 HSI 模型预测了 1998~2009 年柔鱼栖息地指数,结果发现 1998 年柔鱼高产年份,2008 年柔鱼产量正常年份和 2009 年柔鱼低产年份的栖息地质量与 ENSO 事件导致的柔鱼渔场环境变化相关。1998 年拉尼娜事件导致渔场 SST 变暖,Chl-a 浓度和 SSHA 范围有利于柔鱼生长,柔鱼栖息地质量高;而 2009 年厄尔尼诺事件导致渔场 SST 异常变冷,Chl-a 浓度和 SSHA 范围不利于柔鱼生长,柔鱼栖息地质量变低。此外,1998 年拉尼娜事件下西北太平洋海域适宜的柔鱼栖息地范围面积增长,渔场重心位置分布在适宜栖息地范围内,因此柔鱼产量增加;而 2009 年厄尔尼诺事件导致西北太平洋海域适宜的柔鱼栖息地范围面积锐减,渔场重心位置与适宜栖息地分布不匹配,因此柔鱼产量显著递减。

(5) 海洋初级生产力在海洋生态中扮演重要角色,其变化影响了海洋渔业的潜在产量。西北太平洋柔鱼渔场范围内净初级生产力在经度方向上呈明显的季节性变化,冬春季低,夏秋季高。捕捞月份 7~11 月对应的适宜净初级生产力浓度分别为 $500\sim700\text{mg C}/(\text{m}^2 \cdot \text{d})$、$500\sim800\text{mg C}/(\text{m}^2 \cdot \text{d})$、$500\sim1000\text{mg C}/(\text{m}^2 \cdot \text{d})$、$500\sim800\text{mg C}/(\text{m}^2 \cdot \text{d})$ 和 $300\sim500\text{mg C}/(\text{m}^2 \cdot \text{d})$,最适浓度分别为 $700\text{mg C}/(\text{m}^2 \cdot \text{d})$、$600\text{mg C}/(\text{m}^2 \cdot \text{d})$、$700\text{mg C}/(\text{m}^2 \cdot \text{d})$、$600\text{mg C}/(\text{m}^2 \cdot \text{d})$ 和 $400\text{mg C}/(\text{m}^2 \cdot \text{d})$。7~11 月最适净初级生产力平均纬度与捕捞努力量纬度重心呈显著正相关关系,说明了捕捞努力量位置在渔场中不是随机分布,可能受最适净初级生产力的纬度分布的影响。柔鱼年间资源丰度与各年 3 月份净初级生产力以及 7~11 月份平均净初级生产力大小显著正相关($P<0.05$)。推测每年柔鱼资源量大小可能受 3 月份产卵场海域和 7~11 月捕捞月份渔场净初级生产力水平交互作用的影响。此外,2008 年和 2011 年的 1~4 月拉尼娜条件下柔鱼产卵场净初级生产力要显著高于 2010 年 1~4 月厄尔尼诺年份,2011 年为三年中最高水

平，但 2008 年只略高于 2010 年。2004 年和 2009 年的 7~11 月厄尔尼诺条件下柔鱼渔场净初级生产力较高，特别是 2004 年渔场中心海域净初级生产力显著升高，而 2010 年 7~11 月拉尼娜条件下渔场对应的净初级生产力明显降低。以上结论表明厄尔尼诺和拉尼娜事件对柔鱼产卵场和渔场的净初级生产力具有显著影响，但调控机制不同。

综上所述，柔鱼资源丰度和渔场空间分布具有显著的季节和年际变化，这种变化与北太平洋气候模态转换显著相关。当气候模态转变时，北太平洋柔鱼产卵场和渔场环境发生相应变化，一方面导致资源补充量发生变动，另一方面导致柔鱼栖息地热点分布改变，最终驱使北太平洋柔鱼资源丰度和渔场分布产生波动。

6.2 存在问题与讨论

本书根据中国鱿钓船队提供的柔鱼产量数据，以渔业气候学为核心，通过分析柔鱼渔场时空分布，栖息地热点海域探索与预测，柔鱼资源丰度年间变化分析，气候变化对柔鱼资源丰度和渔场重心分布的影响及其机制研究，构建基于气候指数的柔鱼资源丰度和渔场分布的预测模型，以及探索不同异常环境条件对柔鱼栖息地适宜性和渔场生产力水平的影响差异。通过以上研究内容我们能够深刻理解柔鱼资源种群动态变化的本质，为西北太平洋柔鱼资源的可持续利用和科学管理提供科学依据。但是，本书研究依然存在一些不足之处需要补充和完善，有些内容还尚需进一步研究和论证。

6.2.1 数据源问题

首先探索长期的气候与环境变化对北太平洋柔鱼种群变动的影响，但缺乏长时间序列（年代际尺度）的渔业数据支撑。太平洋年代际涛动更多体现了年代际尺度的气候变率，由于本书渔业数据时间序列为 1995~2011 年，只能分析 PDO 高频振荡时柔鱼种群动态；其次是环境数据的来源。本研究环境数据有两个来源，一是来源于卫星遥感数据，另一个是来源于模型数据，不同数据的来源可能使计算结果存在系统偏差，使栖息地热点预测等产生误差。

6.2.2 环境变量的选择和处理

本书研究在构建柔鱼环境概率分布图和栖息地模型中假设各个环境变量对柔鱼种群动态的影响是相等的，而在实际生产中各环境变量对柔鱼栖息地的作用大小不一。另外，环境变量之间不是独立存在的，本书未考虑变量之间的相互作用。此外，研究表明，风场是形成海洋流场的主要驱动因子，对大洋性鱼类的空间分布模式具有重要作用。本书未考虑风场的作用可能也是引起误差的原因之一。未来研究需要进一步考虑其他对柔鱼栖息地变动具有重要影响的环境因子，且对各个环境变量设置不同权重以区分其影响，使模型更能精确地评价环境对柔鱼资源丰度和分布的影响。

6.2.3 典型案例分析

本书研究黑潮和亲潮海流对柔鱼渔场环境影响以及利用栖息地模型对比分析异常环境条件下的栖息地适宜性时，分别列举了典型年份分析，例如后者列举了1998年拉尼娜年份，2008年正常气候年份和2009年厄尔尼诺年份。但长期的气候和异常环境变化对柔鱼种群的影响与本书中列举的案例是否完全吻合还不得而知，需要结合更长时间序列渔业生产数据和气候环境事件进行研究和观测，同时需要区别异常气候和环境事件发生的时间和程度。

6.3 主要创新点

本书研究具有以下创新之处：①首次提出了大尺度气候变化对（PDO和ENSO事件）北太平洋柔鱼产卵场和渔场局部海域环境条件具有调控作用的科学假设，以此论证柔鱼资源与栖息地环境对不同尺度的气候变化响应机制；②首次综合分析了不同气候变化对北太平洋产卵场和渔场的环境因子影响，掌握了北太平洋柔鱼资源丰度与空间分布响应气候和海洋变化的变动规律，对其年间差异进行剖析和机理解释，是创新性的探索研究，并利用表征气候变化的指数构建柔鱼资源丰度与渔场重心位置的预报模型；③首次研究了北太平洋柔鱼渔场的栖息地热点区域并对其进行预测，比较分析了异常环境条件下北太平洋柔鱼栖息地适宜性和初级生产力的变化。

6.4 下一步研究工作

柔鱼主要特征为短生命周期，产卵后立即死亡，其种群资源量的大小很大程度上依赖于补充量的多少。由于柔鱼在胚胎和仔鱼早期发育阶段死亡率较高，因此海洋环境任何微小的变化即可影响柔鱼种群的生长、存活和补充。为预测柔鱼种群资源丰度，确保其渔业资源的可持续利用，开展柔鱼早期生活史研究迫在眉睫，尤其是柔鱼仔幼鱼与物理生物环境的交互作用。因此，需要持续开展研究气候变化导致的海洋物理环境变化对柔鱼早期生活史的影响的动力学的基础科学问题。未来研究重点一方面在于加强柔鱼鱼卵和仔稚鱼的分类、分布、形态习性以及环境对仔幼鱼的影响研究，另一方面应利用海洋物理动力学模型耦合柔鱼生物模型反演长时间序列的柔鱼仔鱼成活率和时空分布，预测未来资源的变化趋势。

参 考 文 献

[1] Rodhouse P G. Managing and forecasting squid fisheries in variable environments. Fish Res, 2001, 54(1): 3-8.

[2] Rodhouse P G K, Pierce G J, Nichols O C, et al. Environmental effects on cephalopod population dynamics: implications for management of fisheries. Adv Mar Biol, 2014, 67: 99-223.

[3] 周金官, 陈新军, 刘必林. 世界头足类资源开发利用现状及其潜力. 海洋渔业, 2008, 30(3): 268-275.

[4] 曹杰, 陈新军, 刘必林, 等. 鱿鱼类资源量变化与海洋环境关系的研究进展. 上海海洋大学学报, 2010, 19(2): 232-239.

[5] 陈新军, 陆化杰, 刘必林, 等. 大洋性柔鱼类资源开发现状及可持续利用的科学问题. 上海海洋大学学报, 2012, 21(5): 831-840.

[6] 王尧耕, 陈新军. 世界大洋性柔鱼类资源及其渔业. 北京: 海洋出版社, 2005, 124-155.

[7] Pierce G J, Valavanis V D, Guerra A, et al. A review of cephalopod-environment interactions in European Seas. Hydrobiologia, 2008, 612: 49-70.

[8] 余为, 陈新军, 易倩, 等. 北太平洋柔鱼早期生活史研究进展. 上海海洋大学学报, 2013, 22(5): 755-762.

[9] Yu W, Chen X J, Yi Q, et al. A review of interaction between neon flying squid (*Ommastrephes bartramii*) and oceanographic variability in the North Pacific Ocean. Journal of Ocean University of China, 2015, 14(4): 739-748.

[10] Anderson C I H, Rodhouse P G. Life cycles, oceanography and variability: ommastrephid squid in variable oceanographic environments. Fish Res, 2001, 54(1): 133-143.

[11] Rosa A L, Yamamoto J, Sakurai Y. Effects of environmental variability on the spawning areas, catch, and recruitment of the Japanese common squid, *Todarodes pacificus* (Cephalopoda: Ommastrephidae), from the 1970s to the 2000s. ICES J Mar Sci, 2011, 68(6): 1114-1121.

[12] Sakurai Y, Kiyofuji H, Saitoh S, et al. Changes in inferred spawning areas of *Todarodes pacificus* (Cephalopoda: Ommastrephidae) due to changing environmental conditions. ICES J Mar Sci, 2000, 57(1): 24-30.

[13] 徐冰, 陈新军, 田思泉, 等. 厄尔尼诺和拉尼娜事件对秘鲁外海茎柔鱼渔场分布的影响. 水产学报, 2012, 36(5): 696-707.

[14] Dawe E G, Colbourne E B, Drinkwater K F. Environmental effects on recruitment of short-finned squid (*Illex illecebrosus*). ICES J Mar Sci, 2000, 57(4): 1002-1013.

[15] Waluda C M, Trathan P N, Rodhouse P G. Influence of oceanographic variability on recruitment in the *Illex argentinus* (Cephalopoda: Ommastrephidae) fishery in the South Atlantic. Mar Ecol Prog Ser, 1999, 183: 159-167.

[16] Waluda C M, Rodhouse P G, Trathan P N, et al. Remotely sensed mesoscale oceanography and the distribution of *Illex argentinus* in the South Atlantic. Fish Oceanogr, 2001, 10(2): 207-216.

[17] Waluda C M, Rodhouse P G, Podestá G P, et al. Oceanography of *Illex argentinus* (Cephalopoda: Ommastrephidae) hatching and influences on recruitment variability. Mar Biol, 2001, 139(4): 671-679.

[18] Murata M. Oceanic resources of squids. Mar Freshw Behav Physiol, 1990, 18(1): 19-71.

[19] Chen X J, Liu B L, Chen Y. A review of the development of Chinese distant-water squid jigging fisheries. Fish Res, 2008, 89(3): 211-221.

[20] Roper C F E, Sweeney M J, Nauen C E. FAO species catalogue: an annotated and illustrated catalogue of species of interest to fisheries. FAO Fisheries Synopsis, Cephalopods of the World, 1984, 3 (125): 277.

[21] Yatsu A, Tanaka H, Mori J. Population structure of the neon flying squid, *Ommastrephes bartramii*, in the North Pacific. In: Contributed Papers to International Symposium on Large Pelagic Squids. Okutani, T., ed., Japan Marine Fishery Resources Research Center, Tokyo, 1998, 31-48.

[22] Murata M, Hayase S. Life history and biological information on flying squid (*Ommastrephes bartramii*) in the North Pacific Ocean. Bull Int North Pac Fish Comm, 1993, 53: 147-182.

[23] Chen C S, Chiu T S. Variations of life history parameters in two geographical groups of the neon flying squid, *Ommastrephes bartramii*, from the North Pacific. Fish Res, 2003, 63(3): 349-366.

[24] Yatsu A, Midorikawa S, Shimada T, et al. Age and growth of the neon flying squid, *Ommastrephes bartramii*, in the North Pacific Ocean. Fish Res, 1997, 29(3): 257-270.

[25] Bower J R. Estimated paralarval drift and inferred hatching sites for *Ommastrephes bartramii* (Cephalopoda: Ommastrephidae) near the Hawaiian Archipelago. Fish Bull, 1996, 94(3): 398-411.

[26] Mori J, Tanaka H, Yatsu A. Paralarvae and adults of neon flying squid (*Ommastrephes bartramii*) occurred in the subtropical North Pacific Ocean in autumn. Report on the 1997 Meeting of Squid Resources. Tohoku Nat Fish Res Inst Hachinohe, 1999, 9: 1-8.

[27] Mori J, Okazaki M, Tanaka H, et al. Spawning ground surveys of *Ommastrephes bartramii* in the Subtropical North Pacific Ocean in autumn, 1997 and 1998. Report on the 1998 Meeting of Squid Resources. Hokkaido Nat Fish Res Inst Kushiro, 1999, 85-86.

[28] Sakai M, Ichii T. Age and growth in the paralarval stage of autumn cohort of *Ommastrephes bartramii* in the North Pacific. Report on the 2002 Meeting of Squid Resources. Hokkaido Nat Fish Res Inst Kushiro, 2003, 14: 1-5.

[29] Young R E, Hirota J. Description of *Ommastrephes bartramii* (Cephalopoda: Ommastrephidae) paralarvae with evidence for spawning in Hawaiian waters. Pac Sci, 1990, 44(1): 71-80.

[30] Ichii T, Mahapatra K, Sakai M, et al. Life history of the neon flying squid: effect of the oceanographic regime in the North Pacific Ocean. Mar Ecol Prog Ser, 2009, 378: 1-11.

[31] Ichii T, Mahapatra K, Sakai M, et al. Differing body size between the autumn and the winter-spring cohorts of neon flying squid (*Ommastrephes bartramii*) related to the oceanographic regime in the North Pacific: a hypothesis. Fish Oceanogr, 2004, 13(5): 295-309.

[32] Gong Y, Kim Y S, An D H. Synopsis of the squid fisheries resources in the North Pacific. Korea: National Fisheries Research and Development Agency, 1991, 176.

[33] Seki M P. The role of neon flying squid, *Ommastrephes bartramii*, in the North Pacific pelagic food web. Bull Int North Pac Fish Comm, 1993, 53: 207-215.

[34] Murata M, Nakamura Y. Seasonal migration and diel vertical migration of the neon flying squid, *Ommastrephes bartramii* in the North Pacific. In: Contributed Papers to International Symposium on Large Pelagic Squids. Okutani, T., ed., Japan Marine Fishery Resources Research Center, Tokyo, 1998, 269.

[35] Ichii T, Mahapatra K, Okamura H, et al. Stock assessment of the autumn cohort of neon flying squid

(*Ommastrephes bartramii*) in the North Pacific based on past large-scale high seas driftnet fishery data. Fish Res, 2006, 78(2): 286-297.

[36] Murata M. On the flying behavior of neon flying squid *Ommastrephes bartramii* observed in the central and northwestern North Pacific. Nippon Suisan Gakkaishi, 1988, 54: 1167-1174.

[37] 陈新军,刘必林,钟俊生. 头足类年龄与生长特性的研究方法进展. 大连水产学院学报, 2006, 21(4): 371-377.

[38] Clarke M R. A review of systematics and ecology of oceanic squids. Adv Mar Biol, 1966, 4: 159-161.

[39] Mori J. Neon flying squid (*Ommastrephes bartramii*) occurred in subtropical Japanese waters in winter. Heisei, 1998, 8: 81-91.

[40] Yatsu A. Kaiyouiki ni okeru surumeikarui no seitai to shigen DK [Ecology and resources of ommastrephid squids in theopen ocean]. In: Arimoto, T., Inada, H. (Eds.), Surumeika nosekaishigen, gyogyou, riyou DK [The World of the Japanese Common Squid (*Todarodes pacificus*)-Resources, Fishery and Utilization]. Seizando Shoten Publishing Co., Tokyo, 2003: 93-109.

[41] Yatsu A, Mori J. Early growth of the autumn cohort of neon flying squid, *Ommastrephes bartramii*, in the North Pacific Ocean. Fish Res, 2000, 45(2): 189-194.

[42] Bigelow K A, Landgkaf K C. Hatch dates and growth of *Ommastrephes bartramii* paralarvae from Hawaiian waters as determined from statolith analysis. Recent Adv Fish Biol, 1993, 15-24.

[43] Sakai M, Okamura H, Ichii T. Mortality of *Ommastrephes bartramii* paralarvae of autumn cohort in northern waters of Hawaiian Islands. Report of the 2004 Meeting on Squid Resources. Japan Sea National Fisheries Research Institute, Niigata, 2004, 35-48.

[44] 刘必林,陈新军,方舟,等. 利用角质颚研究头足类的年龄与生长. 上海海洋大学学报, 2014, 23(6): 930-936.

[45] 刘必林,陈新军,李建华. 内壳在头足类年龄与生长研究中的应用进展. 海洋渔业, 2015, 37(1): 68-76.

[46] 贡艺,陈新军,李云凯,等. 秘鲁外海茎柔鱼摄食洄游的稳定同位素研究. 应用生态学报, 2015, 26(9): 2874-2880.

[47] Watanabe H, Kubodera T, Ichii T, et al. Feeding habits of neon flying squid *Ommastrephes bartramii* in the transitional region of the central North Pacific. Marine Ecology Progress Series, 2004, 266: 173-184.

[48] Bower J R, Ichii T. The red flying squid (*Ommastrephes bartramii*): a review of recent research and the fishery in Japan. Fisheries Research, 2005, 76(1): 39-55.

[49] 王尧耕,陈新军. 世界大洋性经济柔鱼类及其渔业. 北京: 海洋出版社, 2005, 79-295.

[50] Welch W D, Morris J F T. Age and growth of flying squid (*Ommastrephes bartramii*). Bull Int North Pac Fish Comm, 1993, 53: 183-190.

[51] Bigelow K A. Age and growth of the oceanic squid *Onychoteuthis borealijaponica* in the North Pacific. Fish Bull, 1994, 92(1): 13-25.

[52] Chen X J, Cao J, Chen Y, et al. Effect of the Kuroshio on the spatial distribution of the red flying squid *Ommastrephes bartramii* in the Northwest Pacific Ocean. Bull Mar Sci, 2012, 88(1): 63-71.

[53] Chen X J, Zhao X H, Chen Y. Influence of El Niño/La Niño on the western winter-spring cohort of neon flying squid (*Ommastrephes bartramii*) in the northwestern Pacific Ocean. ICES J Mar Sci, 2007, 64(6): 1152-1160.

[54] 范江涛,陈新军,曹杰,等. 西北太平洋柔鱼渔场变化与黑潮的关系. 上海海洋大学学报, 2010

(3): 378-384.

[55] Chen C S, Chiu T S. Abundance and spatial variation of *Ommastrephes bartramii* (Mollusca: Cephalopoda) in the eastern North Pacific observed from an exploratory survey. Acat Zool Taiwan, 1999, 10(2): 135-144.

[56] 陈新军, 田思泉. 西北太平洋海域柔鱼的产量分布及作业渔场与表温的关系研究. 中国海洋大学学报, 2005, 35(1): 101-107.

[57] Ichii T, Mahapatra K, Sakai M, et al. Changes in abundance of the neon flying squid *Ommastrephes bartramii* in relation to climate change in the central North Pacific Ocean. Mar Ecol Prog Ser, 2011, 441: 151-164.

[58] 陈新军, 陈峰, 高峰, 等. 基于水温垂直结构的西北太平洋柔鱼栖息地模型构建. 中国海洋大学学报, 2012, 42(6): 52-60.

[59] Zhang Y, Wallace J M, Battisti D S. ENSO-like interdecadal variability: 1900-93. J Clim, 1997, 10(5): 1004-1020.

[60] Mantua N J, Hare S R, Zhang Y, et al. A Pacific interdecadal climate oscillation with impacts on salmon production. Bull Am Meteorol Soc, 1997, 78(6): 1069-1079.

[61] Mantua N J, Hare S R. The Pacific Decadal Oscillation. J Oceanogr, 2002, 58(1): 35-44.

[62] 杨修群, 朱益民, 谢倩, 等. 太平洋年代际振荡的研究进展. 大气科学, 2004, 28(6): 979-992.

[63] Yatsu A, Chiba S, Yamanaka Y, et al. Climate forcing and the Kuroshio/Oyashio ecosystem. ICES J Mar Sci, 2013, 1-12.

[64] 吕俊梅, 琚建华, 张庆云, 等. 太平洋年代际振荡冷暖背景下 ENSO 循环的特征. 气候与环境研究, 2005, 10(2): 238-249.

[65] 刘秦玉, 李春, 胡瑞金. 北太平洋的年代际振荡与全球变暖. 气候与环境研究, 2010, 15(2): 217-224.

[66] 王闪闪, 管玉平, Jin L Z, 等. 黑潮及其延伸区海表温度变化特征与大气环流相关性的初步分析. 物理学报, 2012, 61(16): 169201-169201.

[67] Tian Y J, Ueno Y, Suda M, et al. Decadal variability in the abundance of Pacific saury and its response to climatic/oceanic regime shifts in the northwestern subtropical Pacific during the last half century. J Mar Syst, 2004, 52(1): 235-257.

[68] Phillips A J, Ciannelli L, Brodeur R D, et al. Spatio-temporal associations of albacore CPUEs in the Northeastern Pacific with regional SST and climate environmental variables. ICES J Mar Sci, 2014, 71(7): 1717-1727.

[69] Zwolinski J P, Demer D A. Environmental and parental control of Pacific sardine (*Sardinops sagax*) recruitment. ICES J Mar Sci, 2014, 71(8): 2198-2207.

[70] Zhou X, Sun Y, Huang W, et al. The Pacific decadal oscillation and changes in anchovy populations in the Northwest Pacific. J Asian Earth Sci, 2015, 114: 504-511.

[71] Koslow J A, Allen C A. The influence of the ocean environment on the abundance of market squid, *Doryteuthis* (*Loligo*) *opalescens*, paralarvae in the Southern California Bight. Calif Coop Ocean Fish Invest Rep, 2011, 52: 205-213.

[72] Wang C Z, Deser C, Yu J Y, et al. El Niño and southern oscillation (ENSO): a review. Coral Reefs Eastern Pac, 2012: 3-19.

[73] 李晓燕, 翟盘茂. ENSO 事件指数与指标研究. 气象学报, 2000, 58(1): 102-109.

[74] Sugimoto T, Kimura S, Tadokoro K. Impact of El Niño events and climate regime shift on living resources in the western North Pacific. Prog Oceanogr, 2001, 49(1): 113-127.

[75] Zainuddin M, Saitoh S, Saitoh K. Detection of potential fishing ground for albacore tuna using synoptic measurements of ocean color and thermal remote sensing in the northwestern North Pacific. Geophys Res Lett, 2004, 31(20).

[76] 汪金涛, 陈新军. 中西太平洋鲣鱼渔场的重心变化及其预测模型建立. 中国海洋大学学报, 2013, 43(8): 44-48.

[77] Jackson G D, Domeier M L. The effects of an extraordinary El Niño/La Niño event on the size and growth of the squid *Loligo opalescens* off Southern California. Mar Biol, 2003, 142(5): 925-935.

[78] Waluda C M, Yamashiro C, Rodhouse P G. Influence of the ENSO cycle on the light-fishery for *Dosidicus gigas* in the Peru Current: an analysis of remotely sensed data. Fisheries Research, 2006, 79(1): 56-63.

[79] Yu W, Yi Q, Chen X J, et al. Modelling the effects of climate variability on habitat suitability of jumbo flying squid, *Dosidicus gigas*, in the Southeast Pacific Ocean off Peru. ICES J Mar Sci, 2016, 73(2): 239-249.

[80] Yatsu A, Watanabe T, Mori J, et al. Interannual variability in stock abundance of the neon flying squid, *Ommastrephes bartramii*, in the North Pacific Ocean during 1979-1998: impact of driftnet fishing and oceanographic conditions. Fish Oceanogr, 2000, 9(2): 163-170.

[81] 官文江. 基于海洋遥感的东黄海鲐鱼渔场与资源研究. 上海: 华东师范大学学位论文, 2008.

[82] Chen X J, Chen Y, Tian S Q, et al. An assessment of the west winter-spring cohort of neon flying squid (*Ommastrephes bartramii*) in the Northwest Pacific Ocean. Fish Res, 2008, 92(2): 221-230.

[83] Mugo R, SAITOH S E I I, Nihira A, et al. Habitat characteristics of skipjack tuna (*Katsuwonus pelamis*) in the western North Pacific: a remote sensing perspective. Fish Oceanogr, 2010, 19(5): 382-396.

[84] Nishikawa H, Yasuda I, Itoh S. Impact of winter-to-spring environmental variability along the Kuroshio jet on the recruitment of Japanese sardine (*Sardinops melanostictus*). Fish Oceanogr, 2011, 20(6): 570-582.

[85] Tseng C T, Su N J, Sun C L, et al. Spatial and temporal variability of the Pacific saury (*Cololabis saira*) distribution in the northwestern Pacific Ocean. ICES J Mar Sci, 2013, 70, 991-999.

[86] Roden G I. Subarctic-subtropical transition zone of the North Pacific: large-scale aspects and mesoscale structure. In: Wetherall, J. A. (Ed.), Biology, Oceanography and Fisheries of the North Pacific Transition Zone and Subarctic Frontal Zone, 105. NOAA Technical Report NMFS, Honolulu, 1991, 1-38.

[87] Aoki I, Miyashita K. Dispersal of larvae and juveniles of Japanese anchovy *Engraulis japonicus* in the Kuroshio Extension and Kuroshio-Oyashio transition regions, western North Pacific Ocean. Fish Res, 2000, 49: 155-164.

[88] Sakurai Y. An overview of the Oyashio ecosystem. Deep Sea Res II, 2007, 54(23): 2526-2542.

[89] Sassa C, Kawaguchi K, Taki K. Larval mesopelagic fish assemblages in the Kuroshio-Oyashio transition region of the western North Pacific. Mar Biol, 2007, 150(6): 1403-1415.

[90] 邵全琴, 马巍巍, 陈卓奇, 等. 西北太平洋黑潮路径变化与柔鱼 CPUE 的关系研究. 海洋与湖沼, 2005, 36(2): 111-122.

[91] Wang W Y, Zhou C H, Shao Q Q, et al. Remote sensing of sea surface temperature and chlorophyll-a: implications for squid fisheries in the north-west Pacific Ocean. Int J Remote Sens, 2010, 31(17-18): 4515-4530.

[92] 陈新军, 曹杰, 田思泉, 等. 表温和黑潮年间变化对西北太平洋柔鱼渔场分布的影响. 大连水产学院学报, 2010, 25(2): 119-126.

[93] 陈峰, 陈新军, 钱卫国, 等. 水温变动对2009年西北太平洋柔鱼产量下降的影响. 广东海洋大学学报, 2010, 30(1): 65-71.

[94] 陈新军, 许柳雄, 田思泉. 北太平洋柔鱼资源与渔场的时空分析. 水产学报, 2003, 27(4): 334-342.

[95] 范江涛, 陈新军, 曹杰, 等. 西北太平洋柔鱼渔场变化与黑潮的关系. 上海海洋大学学报, 2010, 19(3): 378-384.

[96] 唐峰华, 崔雪森, 樊伟, 等. 北太平洋柔鱼渔获量与海洋环境关系的遥感学研究. 海洋技术, 2011, 30(2): 7-12.

[97] Nishikawa H, Igarashi H, Ishikawa Y, et al. Impact of paralarvae and juveniles feeding environment on the neon flying squid (*Ommastrephes bartramii*) winter-spring cohort stock. Fish Oceanogr, 2014, 23(4): 289-303.

[98] Bower J R. Spawning Grounds of the Neon Flying Squid, *Ommastrephes bartramii* near the Hawaiian Archipelago. Pac Sci, 1994, 48(2): 201-207.

[99] Young R E, Hirota J, Parry M. Aspects of the ecology of the red squid *Ommastrephes bartramii*, a potential target for a major Hawaiian fishery. FY 1997 Progress Report. Pelagic Fisheries Research Program, JIMAR, 1997.

[100] 陈新军. 西北太平洋柔鱼渔场与水温因子的关系. 上海水产大学学报, 1995, 4(3): 181-185.

[101] 沈新强, 樊伟, 崔雪森. 西北太平洋柔鱼渔场分布与水温关系的研究. 海洋水产研究, 2004, 25(3): 10-14.

[102] Chen X J, Liu B L. The catch distribution of *Ommastrephes batramii* in squid jigging fishery and the relationship between fishing ground and SST in the North Pacific Ocean in 2004. Mar Sci Bull, 2006, 8(2): 83-91.

[103] 陈新军. 关于西北太平洋的柔鱼渔场形成的海洋环境因子的分析. 上海水产大学学报, 1997, 6(4): 263-267.

[104] 刘洪生, 陈新军. 2000年5~7月北太平洋海域水温分布及柔鱼渔场研究. 湛江海洋大学学报, 2002, 22(1): 34-39.

[105] 王文宇, 邵全琴, 薛允传, 等. 西北太平洋柔鱼资源与海洋环境的GIS空间分析. 地球信息科学学报, 2012, 5(1): 39-44.

[106] 樊伟, 崔雪森, 沈新强. 西北太平洋巴特柔鱼渔场与环境因子关系研究. 高技术通讯, 2004, 14(10): 84-89.

[107] 沈新强, 王云龙, 袁骐, 等. 北太平洋鱿鱼渔场叶绿素a分布特点及其与渔场的关系. 海洋学报, 2004, 26(6): 118-123.

[108] Chen X J, Tian S Q, Chen Y, et al. A modeling approach to identify optimal habitat and suitable fishing grounds for neon flying squid (*Ommastrephes bartramii*) in the Northwest Pacific Ocean. Fish Bull, 2010, 108(1): 1-15.

[109] 刘洪生, 杨红, 章守宇. 北太平洋西经海域(170°W~175°W)温盐分布及其与柔鱼渔场关系的初步研究. 上海水产大学学报, 2001, 10(3): 229-233.

[110] Yatsu A, Watanabe T. Interannual variability in neon flying squid abundance and oceanographic conditions in the central North Pacific, 1982—1992. Bull Natl Res Inst Far Seas Fish, 1996, 33: 123-138.

[111] 程家骅, 黄洪亮. 北太平洋柔鱼渔场的环境特征. 中国水产科学, 2003, 10(6): 507-512.

[112] Tian S Q, Chen X J, Chen Y, et al. Evaluating habitat suitability indices derived from CPUE and fishing effort data for *Ommatrephes bartramii* in the northwestern Pacific Ocean. Fish Res, 2009, 95 (2): 181-188.

[113] 唐玉顺. 西北太平洋柔鱼渔场与流隔间的关系. 上海水产大学学报, 1996, 5(2): 110-114.

[114] 徐兆礼, 崔雪森, 黄洪亮. 北太平洋柔鱼渔场浮游动物数量分布及与渔场的关系. 水产学报, 2004, 28 (5): 515-521.

[115] Chen C S. Abundance trends of two neon flying squid (*Ommastrephes bartramii*) stocks in the North Pacific. ICES J Mar Sci, 2010, 67(7): 1336-1345.

[116] Holliday D, Beckley L E, Olivar M P. Incorporation of larval fishes into a developing anti-cyclonic eddy of the Leeuwin Current off south-western Australia. J Plankton Res, 2011, 33(11): 1696-1708.

[117] Zhang C I, Gong Y. Effect of ocean climate changes on the Korean stock of Pacific saury, *Cololabis saira* (Brevoort). J Oceanogr, 2005, 61(2): 313-325.

[118] Zainuddin M, Saitoh K, Saitoh S E I I. Albacore (*Thunnus alalunga*) fishing ground in relation to oceanographic conditions in the western North Pacific Ocean using remotely sensed satellite data. Fish Oceanogr, 2008, 17(2): 61-73.

[119] Chang Y J, Sun C L, Chen Y, et al. Modelling the impacts of environmental variation on the habitat suitability of swordfish, *Xiphias gladius*, in the equatorial Atlantic Ocean. ICES J Mar Sci, 2013, 70: 1000-1012.

[120] Richards L J, Schnute J T. An experimental and statistical approach to the question: is CPUE an index of abundance?. Can J Fish Aquat Sci, 1986, 43(6): 1214-1227.

[121] Cao J, Chen X J, Chen Y. Influence of surface oceanographic variability on abundance of the western winter-spring cohort of neon flying squid *Ommastrephes bartramii* in the NW Pacific Ocean. Mar Ecol Prog Ser, 2009, 381: 119-127.

[122] Zainuddin M, Kiyofuji H, Saitoh K, et al. Using multi-sensor satellite remote sensing and catch data to detect ocean hot spots for albacore (*Thunnus alalunga*) in the northwestern North Pacific. Deep Sea Res, 2006, 53(3): 419-431.

[123] Andrade H A, Garcia C A E. Skipjack tuna fishery in relation to sea surface temperature off the southern Brazilian coast. Fish Oceanogr, 1999, 8(4): 245-254.

[124] 陈新军, 田思泉. 西北太平洋柔鱼资源丰度时空分布的 GAM 模型分析. 集美大学学报, 2006, 11(4): 295-300.

[125] Isoguchi O, Kawamura H. Seasonal to interannual variations of the western boundary current of the subarctic North Pacific by a combination of the altimeter and tide gauge sea levels. J Geophys Res C, 2006, 111(C04013).

[126] Chen X J, Tian S Q, Guan W J. Variations of oceanic fronts and their influence on the fishing grounds of *Ommastrephes bartramii* in the Northwest Pacific. Acta Oceanol Sin, 2014, 33(4): 45-54.

[127] Alabia I D, Saitoh S I, Mugo R, et al. Seasonal potential fishing ground prediction of neon flying squid (*Ommastrephes bartramii*) in the western and central North Pacific. Fish Oceanogr, 2015, 24 (2): 190-203.

[128] Fan W, Wu Y M, Cui X S. The study on fishing ground of neon flying squid, *Ommastrephes bartramii*, and ocean environment based on remote sensing data in the Northwest Pacific Ocean. Chin J Oceanol Limnol, 2009, 27: 408-414.

[129] Tian S Q, Chen X J, Chen Y, et al. Standardizing CPUE of *Ommastrephes bartramii* for Chinese

squid-jigging fishery in Northwest Pacific Ocean. Chin J Oceanol Limnol, 2009, 27(4): 729-739.

[130]Perry R I, Smith S J. Identifying habitat associations of marine fishes using survey data: an application to the Northwest Atlantic. Can J Fish Aquat Sci, 1994, 51(3): 589-602.

[131]Lukas R, Lindstrom E. The mixed layer of the western equatorial Pacific Ocean. J Geophys Res, 1991, 96(S01): 3343-3357.

[132]邵全琴, 戎恺, 马巍巍, 等. 西北太平洋柔鱼中心渔场分布模式. 地理研究, 2004, 23(1): 1-9.

[133]Olson D B. Rings in the ocean. Annu Rev Earth Planet Sci, 1991, 19: 283-311.

[134]Komatsu T, Sugimoto T, Ishida K I, et al. Importance of the Shatsky Rise Area in the Kuroshio Extension as an offshore nursery ground for Japanese anchovy (*Engraulis japonicus*) and sardine (*Sardinops melanostictus*). Fish Oceanogr, 2002, 11(6): 354-360.

[135]Li G, Chen X J, Lei L, et al. Distribution of hotspots of chub mackerel based on remote-sensing data in coastal waters of China. Int J Remote Sens, 2014, 35(11-12): 4399-4421.

[136]沈建华, 韩士鑫, 崔雪森, 等. 北太平洋巴特柔鱼渔业 2001 年低产原因分析. 水产学报, 2003, 27(4): 350-357.

[137]Handcock R N, Gillespie A R, Cherkauer K A, et al. Accuracy and uncertainty of thermal-infrared remote sensing of stream temperatures at multiple spatial scales. Remote Sens Environ, 2006, 100(4): 427-440.

[138]Gong C X, Chen X J, Gao F, et al. Importance of weighting for multi-variable habitat suitability index model: a case study of winter-spring cohort of *Ommastrephes bartramii* in the Northwestern Pacific Ocean. J. Ocean Univ. China, 2012, 11(2): 241-248.

[139]Price J F, Weller R A, Schudlich R R. Wind-driven ocean currents and Ekman transport. Sci, 1987, 238(4833): 1534-1538.

[140]Boucher J M, Chen C S, Sun Y F, et al. Effects of interannual environmental variability on the transport-retention dynamics in haddock *Melanogrammus aeglefinus* larvae on Georges Bank. Mar Ecol Prog Ser, 2013, 487: 201-215.

[141]牛明香, 李显森, 徐玉成. 基于广义可加模型的时空和环境因子对东南太平洋智利竹筴鱼渔场的影响. 应用生态学报, 2010, 21(4): 1049-1055.

[142]陆化杰, 陈新军, 曹杰, 等. 中国大陆阿根廷滑柔鱼鱿钓渔业 CPUE 标准化. 水产学报, 2013, 37(6): 951-960.

[143]王从军, 邹莉瑾, 李纲, 等. 1999~2011 年东黄海鲐资源丰度年间变化分析. 水产学报, 2014, 38(1): 56-64.

[144]Guisan A, Edwards T C, Hastie T. Generalized linear and generalized additive models in studies of species distributions: setting the scene. Ecol Model, 2002, 157(2): 89-100.

[145]Campbell R A. CPUE standardisation and the construction of indices of stock abundance in a spatially varying fishery using general linear models. Fish Res, 2004, 70(2): 209-227.

[146] Hastie T J, Tibshirani R J. Generalized additive models. CRC Press, London: Chapman and Hall, 1990.

[147]余为, 陈新军, 易倩, 等. 西北太平洋柔鱼传统作业渔场资源丰度年间差异及其影响因子. 海洋渔业, 2013, 35(4): 373-381.

[148]Litz M N C, Phillips A J, Brodeur R D, et al. Seasonal occurrences of Humboldt squid (*Dosidicus gigas*) in the northern California Current System. Cal COFI Rep, 2011, 52: 97-108.

[149]Gao G P, Chen C S, Qi J H, et al. An unstructured-grid, finite-volume sea ice model: development,

validation, and application. J Geophys Res, 2011, 116(C8).

[150] Chen C S, Lai Z G, Beardsley R C, et al. Current separation and upwelling over the southeast shelf of Vietnam in the South China Sea. J Geophys Res, 2012, 117(C3).

[151] George E P B, Gwilym M J, Gregory C R. Time series analysis-forecasting and control. Prentice-Hall, New Jersey, 2005.

[152] 陈长胜. 海洋生态系统动力学与模型. 北京: 高等教育出版社, 2003.

[153] Sverdrup H U. On conditions for the vernal blooming of phytoplankton. J Cons Int Explor Mer, 1953, 18: 287-295.

[154] Taft B A. Characteristics of the flow of the Kuroshio south of Japan. Kuroshio: Physical Aspects of the Japan Current, H. Stommel, Ed., University of Washington Press, 1972, 165-216.

[155] Vandenbosch R. Fluctuations of Vanessa cardui butterfly abundance with El Niño and Pacific Decadal Oscillation climatic variables. Glob Chang Biol, 2003, 9: 785-790.

[156] Koslow J A, Rogers-Bennett L, Neilson D J. A time series of California spiny lobster (*panulirus interruptus*) phyllosoma from 1951 to 2008 links abundance to warm oceanographic conditions in southern California. Calif Coop Ocean Fish Invest Rep, 2012, 53: 132-139.

[157] Humston R, Ault J S, Lutcavage M, et al. Schooling and migration of large pelagic fishes relative to environmental cues. Fishe Oceanogr, 2000, 9(2): 136-146.

[158] 陈新军. 渔业资源与渔场学. 北京: 海洋出版社, 2004, 141-160.

[159] 田思泉, 陈新军. 不同名义 CPUE 计算法对 CPUE 标准化的影响. 上海海洋大学学报, 2010, 19(2): 240-245.

[160] Stenseth N C, Ottersen G, Hurrel J W, et al. Marine ecosystems and climate variation. Oxford University Press, New York, 2004, 266.

[161] Tian Y J, Kidokoro H, Watanabe T, et al. The late 1980s regime shift in the ecosystem of Tsushima warm current in the Japan/East Sea: evidence from historical data and possible mechanisms. Prog Oceanogr, 2008, 77(2): 127-145.

[162] Lan K W, Evans K, Lee M A. Effects of climate variability on the distribution and fishing conditions of yellowfin tuna (*Thunnus albacares*) in the western Indian Ocean. Clim Chang, 2013, 119(1): 63-77.

[163] Tian Y J, Nashida K, Sakaji H. Synchrony in the abundance trend of spear squid *Loligo bleekeri* in the Japan Sea and the Pacific Ocean with special reference to the latitudinal differences in response to the climate regime shift. ICES J Mar Sci, 2013, 70: 968-979.

[164] Polovina J J, Mitchum G T, Graham N E, et al. Physical and biological consequences of a climate event in the central North Pacific. Fish Oceanogr, 1994, 3(1): 15-21.

[165] Su N J, Sun C L, Punt A E, et al. Modelling the impacts of environmental variation on the distribution of blue marlin, *Makaira nigricans*, in the Pacific Ocean. ICES J Mar Sci, 2011, 68(6): 1072-1080.

[166] O'dor R K. Can understanding squid life-history strategies and recruitment improve management. S Afr J Mar Sci, 1998, 20(1): 193-206.

[167] Bazzino G, Quiñones R A, Norbis W. Environmental associations of shortfin squid *Illex argentinus* (Cephalopoda: Ommastrephidae) in the Northern Patagonian Shelf. Fish Res, 2005, 76(3): 401-416.

[168] Igarashi H, Ichii T, Sakai M, et al. Possible link between interannual variation of neon flying squid (*Ommastrephes bartramii*) abundance in the North Pacific and the climate phase shift in 1998/1999. Prog Oceanogr, 2015, doi: 10.1016/j.pocean.2015.03.008.

[169] Chiba S, Batten S, Sasaoka K, et al. Influence of the Pacific Decadal Oscillation on phytoplankton

phenology and community structure in the western North Pacific. Geophys Res Lett, 2012, 39 (15): 214-229.

[170] Lehodey P, Senina I, Calmettes B, et al. Modelling the impact of climate change on Pacific skipjack tuna population and fisheries. Clim Chang, 2013, 119(1): 95-109.

[171] Tzeng W N, Tseng Y H, Han Y S, et al. Evaluation of multi-scale climate effects on annual recruitment levels of the Japanese eel, *Anguilla japonica*, to Taiwan. Plos One, 2012, 7(2): e30805.

[172] Chesney T A, Montero J, Heppell S S, et al. Interannual variability of Humboldt squid (*Dosidicus gigas*) off Oregon and southern Washington. Calif Coop Ocean Fish Invest Rep, 2013, 54: 180-191.

[173] Roberts M J. Chokka squid (*Loligo vulgaris reynaudii*) abundance linked to changes in South Africa's Agulhas Bank ecosystem during spawning and the early life cycle. ICES J Mar Sci, 2005, 62 (1): 33-55.

[174] Bovee K, Zuboy J R. In proceedings of the workshop development, evaluation of habitat suitability, criteria, US, fish and wildlife service. Biological Report, 88. 1988, 11.

[175] Maddock I. The importance of physical habitat assessment for evaluating river health. Freshw Biol, 1999, 41(2): 373-391.

[176] Lee P F, Chen I C, Tzeng W N. Spatial and temporal distribution patterns of bigeye tuna (*Thunnus obesus*) in the Indian Ocean. Zool Stud, 2005, 44(2): 260-270.

[177] 龚彩霞, 陈新军, 高峰, 等. 栖息地适宜性指数在渔业科学中的应用进展. 上海海洋大学学报, 2011, 20(2): 260-269.

[178] Bertrand A, Josse E, Bach P, et al. Hydrological and trophic characteristics of tuna habitat: consequences on tuna distribution and longline catchability. Can J Fish Aquat Sci, 2002, 59 (6): 1002-1013.

[179] 陈新军, 刘必林, 田思泉, 等. 利用基于表温因子的栖息地模型预测西北太平洋柔鱼 (*Ommastrephes bartramii*) 渔场. 海洋与湖沼, 2009, 6: 707-713.

[180] Mohri M, Nishida T. Seasonal change in bigeye tuna fishing areas in relation to the oceanographic parameters in the Indian Ocean. J Natl Fish Univ, 1999, 47(2): 43-54.

[181] Chen X J, Tian S Q, Liu B L, et al. Modeling a habitat suitability index for the eastern fall cohort of *Ommastrephes bartramii* in the central North Pacific Ocean. Chin J Oceanol Limnol, 2011, 29 (3): 493-504.

[182] Gillenwater D, Granata T, Zika U. GIS-based modeling of spawning habitat suitability for walleye in the Sandusky River, Ohio, and implications for dam removal and river restoration. Ecol Eng, 2006, 28 (3): 311-323.

[183] Vinagre C, Fonseca V, Cabral H, et al. Habitat suitability index models for the juvenile soles, *Solea solea* and *Solea senegalensis*, in the Tagus estuary: defining variables for species management. Fish Res, 2006, 82(1): 140-149.

[184] Lehodey P, Bertignac M, Hampton J, et al. El Niño Southern Oscillation and tuna in the western Pacific. Nat, 1997, 389(6652): 715-718.

[185] Guisan A, Zimmermann N E. Predictive habitat distribution models in ecology. Ecol Model, 2000, 135 (2): 147-186.

[186] Yen K W, Lu H J, Chang Y, et al. Using remote-sensing data to detect habitat suitability for yellowfin tuna in the Western and Central Pacific Ocean. Int J Remote Sens, 2012, 33(23): 7507-7522.

[187] Chen X J, Li G, Feng B, et al. Habitat suitability index of Chub mackerel (*Scomber japonicus*) from

July to September in the East China Sea. J Oceanogr, 2009, 65(1): 93-102.

[188] Swain D P, Wade E J. Spatial distribution of catch and effort in a fishery for snow crab (*Chionoecetes opilio*): tests of predictions of the ideal free distribution. Can J Fish Aquat Sci, 2003, 60(8): 897-909.

[189] 崔霞, 冯琦胜, 梁天刚. 基于遥感技术的植被净初级生产力研究进展. 草业科学, 2007, 24(10): 36-42.

[190] 陈兴群, 林荣澄. 东北太平洋中国合同区的叶绿素 a 和初级生产力. 海洋学报, 2007, 29(5): 146-153.

[191] 官文江, 陈新军, 高峰, 等. 东海南部海洋净初级生产力与鲐鱼资源量变动关系的研究. 海洋学报, 2013, 35(5): 121-127.

[192] Behrenfeld M J, Falkowski P G. Photosynthetic rates derived from satellite-based chlorophyll concentration. Limnol Oceanogr, 1997, 42(1): 1-20.

[193] Siswanto E, Ishizaka J, Yokouchi K. Optimal primary production model and parameterization in the eastern East China Sea. J Oceanogr, 2006, 62(3): 361-372.